新 楽しくわかる化学

齋藤勝裕 著

東京化学同人

表紙デザイン：山田好浩

まえがき

　化学は総合的な学問であり，高度に洗練された理論的分野と，日常的な現象を追究した分野が混在しています．そしてこの混沌とした体系がまた，化学の大きな魅力となっています．

　本書は化学の全領域を1冊にまとめ，これから化学を学ぶ方々に，まず化学の世界に入っていただくためのやさしい第一ステップを用意する，そのような意図で企画された教科書です．

　本書では，まず化学の基礎として，物理化学，無機化学，有機化学，生命化学に関する事項をバランスよく取上げ，それらの知識をもとに，化学と日常生活との関わりについて理解できるように配慮しています．また，基礎とはいっても古めかしく，既成の事実だけを扱うのではなく，最新の知見や最先端の化学についても，さりげなく，わかりやすい形で随所に散りばめ，化学の生き生きとした姿が伝わるように工夫しました．

　したがって，本書を読み終えたときには，化学全般だけでなく，生活に役立つ基礎知識についても，幅広く，そしてバランスよく身についていることでしょう．化学以外の分野に進んでも，あるいはさらに化学の道に進んでも，本書で培われた知識は，皆さんの貴重な礎になるものと確信しています．

　本書の特徴はわかりやすく，楽しいことです．それは簡潔で明確な本文と，それをやさしく，楽しく視覚化してくれるイラストを見ていただければ一目瞭然です．しかも，そのイラストはただ，見て楽しいだけではなく，化学的な事象を上手にたとえています．

　なお，本書は先に刊行してご好評をいただいた「楽しくわかる化学（わかる化学シリーズ1）」を全面的に改訂したものです．本書では新たに各章末に復習問題を掲載しましたので，知識の確認に役立ててください．

　最後に本書刊行にあたり，努力を惜しまれなかった東京化学同人の山田豊氏と，楽しいイラストを描いてくださった山田好浩さんに感謝申し上げます．

2020年12月

齋　藤　勝　裕

目　　次

1章　化学は楽しく役に立つ ……………………………………………… 1
- 1・1　化学は簡単である ……………………………………………… 1
- 1・2　キッチンは楽しい化学実験室 ………………………………… 3

2章　物質は何からできているの? ……………………………………… 5
- 2・1　原子の正体 ……………………………………………………… 5
- 2・2　電子はどのように存在するのか ……………………………… 8
- 2・3　元素の周期表 ………………………………………………… 12
- 2・4　元素の性質と周期性 ………………………………………… 13
- 2・5　個性豊かな元素たち ………………………………………… 15
- 章末問題 …………………………………………………………… 18
    - コラム　原子の世界は不連続 ……………………………… 9
    - コラム　日本発の新元素――ニホニウム ……………… 17

3章　物質はどのようにできているの? ……………………………… 19
- 3・1　物質をつくる力――化学結合 ……………………………… 19
- 3・2　金属結合――電子の自由な動き回り ……………………… 20
- 3・3　イオン結合――プラスとマイナスの引きつけ合い ……… 20
- 3・4　共有結合――電子の出し合い ……………………………… 21
- 3・5　化学結合における電荷の偏り ……………………………… 22
- 3・6　分子間に働く力 ……………………………………………… 23
- 3・7　物質のプロフィール ………………………………………… 25
- 3・8　物質の単位 …………………………………………………… 26
- 章末問題 …………………………………………………………… 28
    - コラム　アボガドロ数を実感する ………………………… 27

4章　身のまわりの物質を見てみよう ………………………………… 29
- 4・1　身のまわりの物質の種類 …………………………………… 29

4・2　無機物質 …………………………………………………… 29
　4・3　基本的な有機物質 ………………………………………… 32
　4・4　有機分子の性質を決めるもの …………………………… 35
　4・5　身のまわりの高分子 ……………………………………… 38
　4・6　分子の集合体 ……………………………………………… 42
　章末問題 …………………………………………………………… 45
　　コラム　炭化水素の命名法 …………………………………… 36
　　コラム　異性体 ………………………………………………… 38
　　コラム　シャボン玉 …………………………………………… 44

5章　物質の変化を見てみよう　47
　5・1　水の状態変化 ……………………………………………… 47
　5・2　気体の性質を見てみよう ………………………………… 48
　5・3　化学反応の表し方 ………………………………………… 50
　5・4　化学反応とエネルギー …………………………………… 51
　5・5　化学反応の速さ …………………………………………… 53
　5・6　化学平衡 …………………………………………………… 56
　章末問題 …………………………………………………………… 59
　　コラム　化学反応式をつり合わせる ………………………… 51
　　コラム　なぜ，ロウソクは燃え続けるのか ………………… 53

6章　溶液について見てみよう　61
　6・1　水の不思議な性質 ………………………………………… 61
　6・2　溶けるとはどういうこと？ ……………………………… 62
　6・3　溶けている物質の量 ……………………………………… 63
　6・4　溶液のいろいろな性質 …………………………………… 65
　6・5　酸と塩基って何だろう？ ………………………………… 68
　6・6　酸化・還元って何だろう？ ……………………………… 72
　章末問題 …………………………………………………………… 75
　　コラム　pHの変化を調節する ………………………………… 71
　　コラム　酸化数の決め方 ……………………………………… 73

7章　生命と化学　77
　7・1　生命とは何だろう？ ……………………………………… 77
　7・2　細胞は化学工場 …………………………………………… 78
　7・3　タンパク質は複雑な立体構造をもつ …………………… 81
　7・4　酵素は生体で働く触媒 …………………………………… 83

7・5　核酸は遺伝情報を担う ……………………………………… 85
7・6　脂質は細胞膜などをつくる …………………………………… 88
7・7　食物からエネルギーをつくる ………………………………… 90
7・8　遺伝子を操作する ……………………………………………… 92
章末問題 ………………………………………………………………… 95
　コラム　ウイルスは生命か？ ……………………………………… 78
　コラム　遺伝情報の暗号化 ………………………………………… 88
　コラム　不飽和脂肪酸の分類と表し方 …………………………… 90
　コラム　食べ物に含まれるエネルギー …………………………… 93
　コラム　iPS 細胞 …………………………………………………… 94

8章　健康と化学 …………………………………………………… 97

8・1　医薬品 …………………………………………………………… 97
8・2　微量で働く物質——ビタミン，ミネラル，ホルモン ……… 99
8・3　麻薬と覚せい剤 ……………………………………………… 102
8・4　身のまわりの毒 ……………………………………………… 104
8・5　食の安全と化学物質 ………………………………………… 107
8・6　病原菌と食中毒 ……………………………………………… 109
章末問題 ……………………………………………………………… 110
　コラム　食欲を調節するホルモン ……………………………… 102
　コラム　神経毒とサリン ………………………………………… 106
　コラム　ボツリヌス菌の毒素 …………………………………… 110

9章　環境と化学 ………………………………………………… 111

9・1　化学から見た地球環境 ……………………………………… 111
9・2　化学物質の二面性 …………………………………………… 114
9・3　地球環境と化学物質 ………………………………………… 116
9・4　エネルギーの化学 …………………………………………… 119
9・5　放射能の化学 ………………………………………………… 122
9・6　環境にやさしい化学 ………………………………………… 123
章末問題 ……………………………………………………………… 126
　コラム　金魚と金魚鉢 …………………………………………… 114
　コラム　電磁波の種類 …………………………………………… 118
　コラム　自然界の放射線 ………………………………………… 123

10章　生活に役立つ化学 ……………………………………… 127

10・1　機能する高分子 ……………………………………………… 127

10・2　身だしなみの化学 ………………………………………………………… 129
10・3　料理の化学 ………………………………………………………………… 132
10・4　住まいの化学 ……………………………………………………………… 136
10・5　いろいろな電池 …………………………………………………………… 138
章末問題 …………………………………………………………………………… 141
　　コラム　漬物がおいしくなる理由 ……………………………………… 133
　　コラム　味付けの合言葉「さしすせそ」 ……………………………… 135

章末問題の解答 ………………………………………………………………… 143
索　　引 ………………………………………………………………………… 145

1

化学は楽しく役に立つ

　自然を対象とする科学には物理，化学，生物，地球科学，天文学などの分野がある．なかでも"化学"は最も身近に感じられる科学といえる．私たちは広大な宇宙に住んでおり，宇宙は物質からできている．身のまわりはさまざまな物質であふれ，私たち自身も物質からつくられている．このような物質すべてが"化学"の対象となる．

1・1 化学は簡単である

　「**化学は物質の構造や性質，物質どうしの反応などを探究する学問である**」といわれると，化学は複雑でわかりにくいと思うかもしれない．実際には，覚えることも多くはなく，他の科学と比べて特別に難しいわけでもない．

化学が身近になる画期的なアイデア

　化学は，物質について簡潔に理解できるように，いくつかの画期的なアイデアを生み出した．たとえば，"元素記号"，"化学反応式"，"モルという単位"などである．

元素記号

　画期的なアイデアの一つは，物質を構成する原子の種類（元素）を"記号"で表したことである．19世紀になって，たとえば水素⊙，酸素は○，水は⊙○のような記号で表すことが提案されたが，一般には受け入れられなかった．その後，元素の名前にもとづいた文字のみからなる**元素記号**が提唱された．たとえば，水素は H，酸素は O で表す．

　さらに19世紀の後半に，画期的な出来事が起こった．当時，すでに約60種類の元素が発見されており，似た性質のあるものがいくつかあるこ

このような元素の"記号化"により原子の実在を視覚化できるようになった．

元素記号については2・1節参照．

ともわかっていた．ロシアの化学者メンデレーエフは「カード」に元素記号とその質量を書き込んで，これらの元素を整理することを思いついた（図1・1）．その結果，原子の質量の小さい順に並べると，よく似た性質をもつ元素が"周期的"に現れることがわかった．こうして完成したものが，元素の**周期表**である．その後，新しい元素が発見されるごとに書き換えられ，現在の周期表にいたっている（裏表紙ならびに図2・10）．周期表を用いて，さまざまな物質の性質が予測できるようになった．

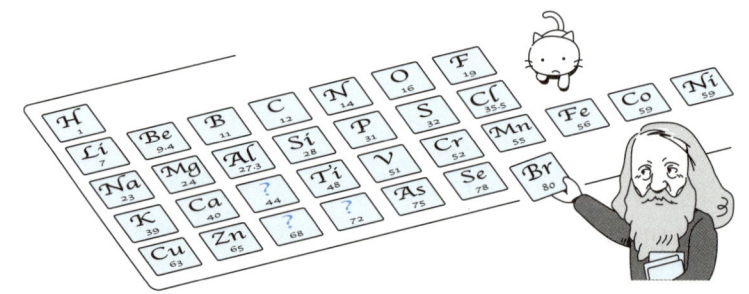

この周期表の？の部分は未発見の元素であり，メンデレーエフはその元素の性質を予測している．

図1・1　周期表の誕生　ロシアの化学者メンデレーエフは元素記号などが書き込まれた「カード」を原子の質量の小さい順に並べて整理することを思いついた．

また，元素記号を用いれば，物質がどのような元素からなるのかを簡単に表すことができる．たとえば，水素と酸素からなる水は H_2O と表す．

化 学 反 応 式

化学では，物質どうしが反応して別の物質に変化するとき，"矢印"を用いた式で表す．これを**化学反応式**という．矢印の左側には反応前の物質を，右側には反応後の物質を書くだけでよい．たとえば，原子AとBからなる物質ABと原子CとDからなる物質CDが反応して，物質ACとBDが生成した反応は，以下のように表される．

$$AB + CD \longrightarrow AC + BD$$

化学反応式については5・3節でふれる．

この化学反応式は，矢印の左側の物質が右側の物質に変化したことを表している．ここで"変化"というのは，原子の"組換え"が起こったという意味であり，反応の前後で原子は増えたり減ったりしないことがわかる．

モ ル と い う 単 位

"モル"については3・8節でふれる．

原子や分子は小さくて目には見えない．そのため，たとえばコップ一杯の水には膨大な数の水分子が含まれている．これを1個ずつ数えることは非常に難しい．そこで，**モル**という単位が考案された．コップに入った水分子の数は"10モル"という簡単な数字で表すことができる（図1・2）．"モル"は物質の量を表す便利な単位である．

図1・2 モルは膨大な数の物質の量を表す便利な単位

1・2 キッチンは楽しい化学実験室

身のまわりにはいろいろな種類の物質が存在し，日常生活のあらゆる場面に化学が関わっている．

キッチンは物質の宝庫

キッチンにはいろいろな物質がある（図1・3）．キッチンは空気で満たされ，水道の蛇口からは水が流れ，ガスレンジには天然ガス（主成分はメタン）が供給される．流し台，鍋やフライパン，包丁にはステンレスという合金が使われ，食べ物や調味料を保存する容器はプラスチックやガラスでできている．また，食べ物には糖（炭水化物），タンパク質，脂質などが含まれている．

合金，プラスチック，ガラスについては4章でふれる．

糖については4・5節で，タンパク質，脂質については7章でふれる．

図1・3 キッチンは楽しい化学実験室

食塩は塩化ナトリウムの結晶であり，砂糖はスクロースという分子である．また，食酢は酢酸という物質を，酒はエタノールという物質を水に溶かしたものである．

結晶と分子の違いについては3・1節参照．

物質を水に溶かした水溶液については6章でふれる．

物質の状態変化については5・1節参照.

純物質と混合物については4・1節参照.

化学反応については5章でふれる.

これらの物質は気体，液体，固体であったり，純物質，混合物であったりする.

料理の基本は化学反応

キッチンでは，さまざまな化学反応を利用して，よりおいしく，栄養のある料理がつくられる．ガスレンジではメタンを酸素と反応させて熱を発生させ，食材を煮たり，焼いたり，炒めたりする．ご飯を炊くと，コメの主成分であるデンプン分子のすき間に水分子が入り込み，ふっくらと柔らかくなる．卵をゆでると，熱によりタンパク質の形や性質が変化して固くなる．野菜に塩をふってしんなりとさせ，ぬか漬けにして発酵させると，独特の酸味やうま味をもつ漬物ができあがる.

料理の化学については10・3節でふれる.

化学の旅を始めよう

このようにキッチンだけでも，化学がいっぱいつまっている．すべてが化学って感じである．もし，「化学って何だろう？」，「どのように化学は役立っているのだろう？」と思ったなら，これから『化学の旅』を始めてみよう．まだよくわからないかもしれないが，この段階では，それで十分である．もう少し旅を続ければ，きっと「化学って楽しい！」と笑顔で話してくれることだろう.

2 物質は何からできているの？

　すべての物質は**原子**とよばれる粒子からできている．原子はとても小さくて私たちの目には見えないが，現在では特殊な顕微鏡を使えば，原子1個1個をはっきりと観察することができる．

2・1　原子の正体

原子の構造と大きさ

　原子は中心にある**原子核**とそのまわりを運動している**電子**からなる．さらに原子核は**陽子**と**中性子**という2種類の粒子からなる（図2・1a）．陽子は正（プラス）の電荷をもち，電子は負（マイナス）の電荷をもつ．一方，中性子は電荷をもたない．一つの原子において陽子と電子の数は同じであり，プラスとマイナスの電荷量の絶対値が等しくなるため，電気的に中性となっている．

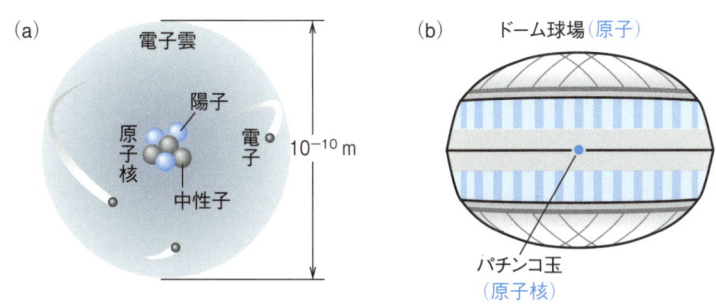

図2・1　原子の構造（a）と大きさの例え（b）

　原子は極めて小さく，その直径は0.1 nm（10^{-10} m＝0.0000000001 m）のオーダーである．その中心にある原子核はさらに小さく，その直径は原

nm（ナノメートル）の"ナノ"は10^{-9}を表す単位の接頭語である．原子や分子の世界はナノメートルで語られる．

原子を1円玉の大きさに拡大すると，1円玉はほぼ日本列島を覆う大きさになる．

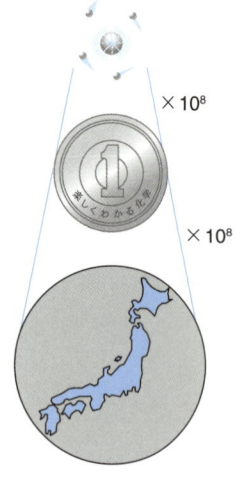

子の10,000分の1以下である．図2・1(b)のように，原子の大きさをドーム球場（二つ貼り合わせる）とみなせば，原子核はピッチャーマウンド上のパチンコ玉の大きさになる．

電子雲って何だろう

さて，原子を外から眺めたとすると，モヤモヤとした雲の固まりのように見える．この雲のように見えるのは**電子雲**とよばれ（図2・2a），これは原子を構成する電子によるものである．それでは，なぜ，電子は雲のように見えるのだろうか？ これは，原子のような極めて小さな世界では，粒子（ここでは電子）の位置を正確に決めることができず，おおよそこのあたりに存在するという"確率"でしか表すことができないためである．

それでは粒子としての電子と，電子雲としての電子をどのように結びつければよいだろうか？ 例えで説明するとわかりやすいかもしれない．図2・2(b)のように，原子核のまわりを運動する電子のスナップ写真を何万枚も撮る．それぞれの写真では電子は小さな点として異なる位置に写っているが，何万枚も撮って重ね合わせると，点が集まって雲のようになるだろう．これが"電子雲"である．電子雲は電子の存在確率を表し，電子の存在確率が高いところほど，電子雲は濃くなる．

また，先ほど述べた"原子の大きさ"は，この電子雲の大きさに相当すると考えてよい．

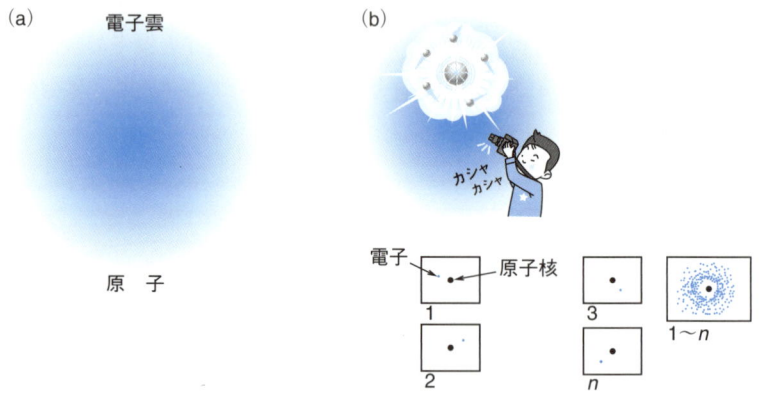

図2・2 **電子雲** (a) 原子は雲の固まりのように見える，(b) 粒子としての電子と，電子雲としての電子を結びつけて考えるための例え

原子の種類

物質はさまざまな種類の原子が組合わさってできており，原子にはそれぞれ名前がついている．たとえば，水は「水素」という原子と「酸素」と

いう原子からなる．このような原子の種類は"陽子数"の違いにもとづいており，陽子数は**原子番号**で表される．また，陽子数と中性子数の和は**質量数**とよばれる．このように同じ原子番号をもつ原子の種類のことを**元素**といい，これらは**元素記号**によって表される．2・3節の元素の周期表からわかるように，元素記号にはアルファベットが用いられている．たとえば，水素はH，炭素はC，酸素はO，塩素はClで表される．

Hはhydrogen，Cはcarbon，Oはoxygen，Clはchlorineに由来する．

また，同じ元素であっても中性子数（すなわち質量数）が異なるものがあり，これらを互いに**同位体**という．たとえば，水素には，質量数が1のものに加えて，質量数が2および3の同位体が知られている．表2・1に示すように，同位体を区別する場合には，元素記号の左上に質量数をつけて，場合によっては原子番号も左下につけて表す．また，ほとんどの場合，特定の同位体が圧倒的に多く存在している．

表2・1 いくつかの安定な同位体の例

元素記号	H			C		O			Cl	
同位体	^1_1H	^2_1H	^3_1H	$^{12}_6C$	$^{13}_6C$	$^{16}_8O$	$^{17}_8O$	$^{18}_8O$	$^{35}_{17}Cl$	$^{37}_{17}Cl$
陽子数	1	1	1	6	6	8	8	8	17	17
中性子数	0	1	2	6	7	8	9	10	18	20
質量数	1	2	3	12	13	16	17	18	35	37
存在比（%）	99.99	0.01	～0	98.9	1.1	99.76	0.20	0.04	75.8	24.2

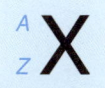

X：元素記号
Z：原子番号 = 陽子数
A：質量数 = 陽子数 + 中性子数

原子の質量

原子の質量は，陽子と中性子の質量が電子の質量よりもはるかに大きいため，ほぼ原子核の質量に相当する．たとえば，質量数1の水素 ^1_1H の質量はほぼ陽子1個の質量に相当し，1.6726×10^{-27} kgとなる．しかし，このように極めて小さな数を取扱うのは不便である．そこで，炭素の同位体の一つである $^{12}_6C$ の質量を12として，これを基準として相対的な質量（**相対原子質量**）で表すことに決められた．天然に存在する原子は，相対原子質量の異なる同位体が混ざっており，そのため，同位体の存在比を考慮した重み付きの平均値をとり，これを**原子量**あるいは**標準原子量**とよんでいる．

陽子の質量：1.6726×10^{-27} kg
中性子の質量：1.6749×10^{-27} kg
電子の質量：9.1094×10^{-31} kg

各元素の原子量は，元素の周期表に記載されている（図2・10参照）．

たとえば，炭素には $^{12}_6C$ と $^{13}_6C$ の安定な同位体が存在し，それぞれの存在比は0.989と0.011である（表2・1）．よって，炭素の原子量は以下のように各同位体の質量に存在比を掛けて足し算をした値となる．

$$12 \times 0.989 + 13 \times 0.011 \fallingdotseq 12.01$$

となり，炭素の原子量は4桁で表すと12.01となる．

$^{13}_6C$ の質量は厳密には13ではないが，簡単のためにここでは13とした．

2・2 電子はどのように存在するのか

電 子 殻

電子は原子核のまわりを動き回っており，その位置は"確率"でしか表せないことを述べたが，電子はどこでも同じ確率で存在しているのではなく，その確率の高い領域が何層にも分かれている．このような層状構造を**電子殻**といい，原子核に近いものから順にK殻，L殻，M殻，N殻…とアルファベット順に名前がついている（図2・3）．これらの電子殻の半径は，K殻の半径をr_KとするとL殻の半径はその4倍，M殻の半径はその9倍，N殻の半径はその16倍というように，整数をnとするとr_Kのn^2倍になり，"不連続"に変化していることがわかる．

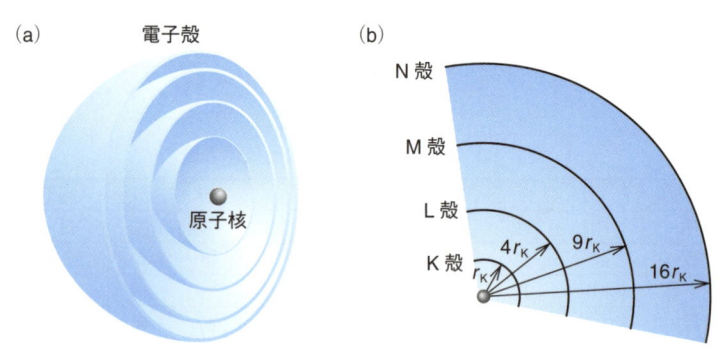

図2・3 原子の断面（a）および電子殻の構造（b）

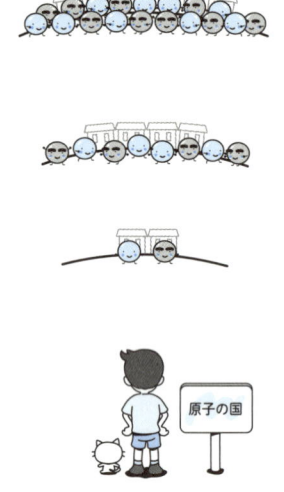

それぞれの電子殻に入ることのできる電子の数は決まっている．このことについては，p.11の側注を参照のこと．

軌 道

電子殻をよく見てみると，さらにいくつかの種類の**軌道**から構成されていることがわかる．図2・4に示すように，K殻は1s軌道，L殻は2s軌道と2p軌道，M殻は3s，3p，3d軌道からなっている．各s軌道は一つ，p軌道は三つ，d軌道は五つの軌道で構成されている．

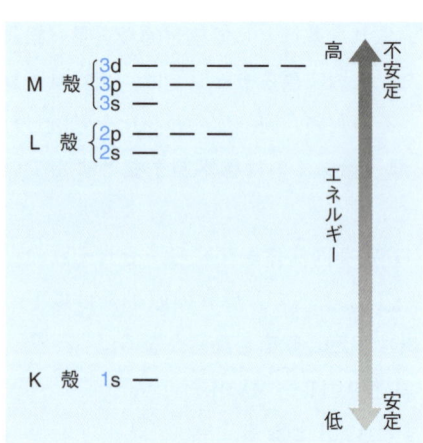

図2・4 電子殻および軌道のエネルギー

これらの電子殻と軌道はそれぞれ固有のエネルギーをもっており，電子殻の半径と同様に"不連続"に変化している．ここで，2p 軌道というように同じ軌道のエネルギーは等しい．K 殻よりも L 殻，L 殻よりも M 殻のほうがエネルギーが高く，それに属する軌道も同様である．また，軌道は s＜p＜d の順にエネルギーが高くなっている．

これらの軌道は特有の形をもっており，この領域に電子が高い"確率"で存在することを表している．図 2・5 に示すように s 軌道は球形であり，p 軌道はすべてお団子 2 個を串に刺した形をしているが，方向が異なっている．また，d 軌道のほとんどは四つ葉のクローバーのような形をしている．

たとえば，電子の存在確率が 90％となるように条件を設定して境界線を描いたものが"軌道の形"に相当する．

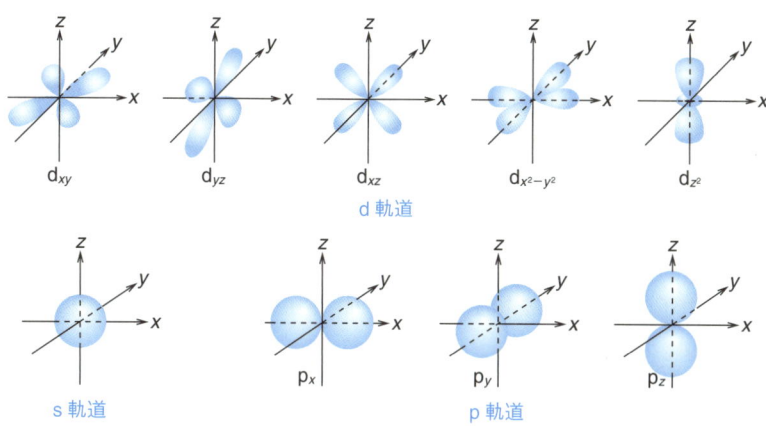

図 2・5 **軌道の形**　各軌道はそれぞれ特有の形をしている

原子の世界は不連続

これまでに電子殻の半径や軌道などのエネルギーが"不連続"であることを見てきた．このように，原子のような極めて小さな世界では量が"不連続"に変化する．これを**量子化**という．なにやら難しく感じるかもしれないが，例えで考えるとわかりやすい．

水道の水は連続量であり，蛇口のひねり方ひとつで，どのような量でも好きなだけ取出すことができる．しかし，ペットボトルの水は，たとえ一口だけほしくても 1 本分を買わなければならない．1 本で足りなければ 2 本である．このようにペットボトルの水は 1 本が単位となっている．つまり，"量子化"されている．このように量子化とは「量が単位化されている」ことを意味する．別に，難しくともなんともない．

量子化の"子（し）"は原子や電子の"子"と同様に，単位を表す言葉である．

電子の軌道への入り方

電子はいずれかの電子殻に属しており，さらにいずれかの軌道に入って

いる．例えてみれば，電子がマンションのK階のs室，あるいはL階のs室とp室に住んでいるようなものである（図2・6）．

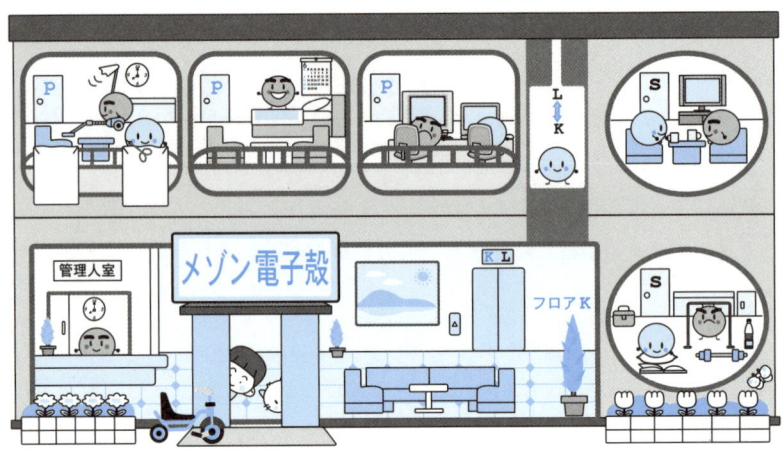

図2・6　電子はマンション住まい

電子はいくつかの規則に従って，どこかの部屋に入ることになる．このような電子の部屋割りを**電子配置**という．電子の入室規則は以下のようになる（図2・7）．

① エネルギーの低い軌道から順番に入る．
② 同じ軌道に2個の電子が入る場合には，スピンの方向を反対にしなければならない（**パウリの排他原理**という）．
③ 一つの軌道に入ることのできる電子は"2個"までに限られる．
④ 同じエネルギーをもつ軌道に1個ずつ入る場合は，電子のスピンの方向がそろっているほうが安定である（**フントの規則**という）．

電子の"スピン"についての説明は本書の範囲を超えるが，磁場中で電子は自転（**スピン**）しており，その方向には右回りと左回りがあると考えれば，わかりやすいかもしれない．この二つの方向の違いは上向きと下向きの矢印で表している．

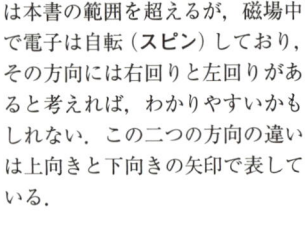

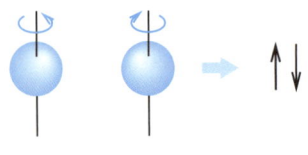

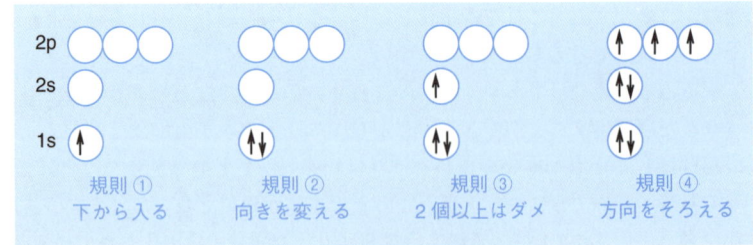

図2・7　電子の入室規則

電子配置を見てみよう

上記の規則について，実際に例をあげて原子番号順に電子配置を見てみ

よう（図2・8）．

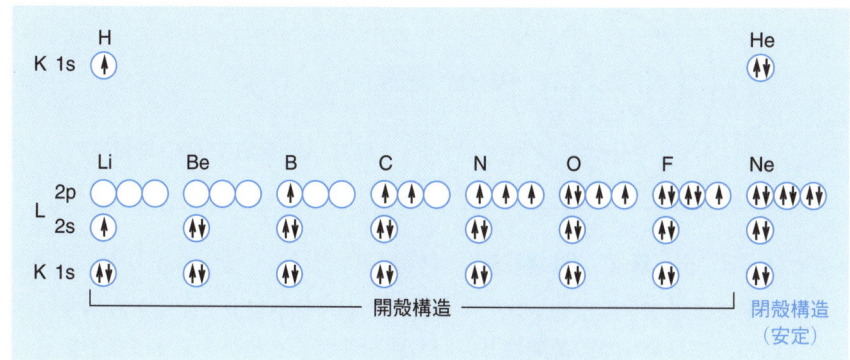

図2・8　いくつかの元素の電子配置

H：1個の電子は，規則①に従ってエネルギーの最も低い1s軌道に入る．

He：ヘリウムの2個目の電子は1s軌道に入るが，規則②に従ってスピンの向きを反対にする．規則③に従って一つの軌道には電子が"2個"までしか入れないので，これでK殻は定員一杯となった．このような状態を**閉殻構造**といい，原子の最も安定な状態である．

Li，Be，B：リチウムLiの3個目の電子は，1s軌道が一杯になったので2s軌道に入る．ベリリウムBeの4個目の電子は，2s軌道にスピンを逆にして入る．ホウ素Bの5個目の電子は2p軌道に入る．

C：炭素の電子の入り方はいくつか考えられるが，規則④に従ってスピンの向きを同じにして別の2p軌道に入る．

N，O，F，Ne：同様の規則に従って，電子が入っていく．窒素Nでは三つの2p軌道に1個ずつ電子が入る．酸素Oとフッ素Fではスピンの向きを反対にして入っていく．ネオンNeではL殻が一杯となり，Heと同様に"閉殻構造"となって安定化する．

原子の性質は電子で決まる

原子の性質を決めるのは電子であり，このような電子を特に**価電子**という．通常，価電子は最も外側の電子殻（最外殻）に存在する（図2・9）．原子は電子雲に覆われているが，その一番外側が価電子に相当する．たとえば，原子が反応するとき，互いに接触するのは，まず外側に存在する価電子である．この意味で，反応性などの原子の性質を決定するのは，価電子ということになる．また，3章で見るように，化学結合には価電子が大きく関わっている．

電子は各軌道に"2個"ずつ入れるので，図2・4の各電子殻の軌道の数からわかるように，各電子殻の定員はK殻：2個，L殻：8個，M殻：18個となる．

ジャケットを着ているネコ君の印象は，ジャケットの色やデザインで決まる．中に着たシャツの色やデザインは全体の印象に影響しない．このジャケットに相当するのが"価電子"である．

12   2. 物質は何からできているの？

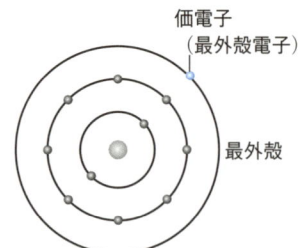

図 2・9　価電子（最外殻電子）

2・3 元素の周期表

原子を原子番号の順に並べてみると，似た性質をもつものが周期的に現れる．これを元素の**周期性**といい，周期性がよくわかるように原子を並べて整理した表を**周期表**という．

図 2・10 は元素の周期表である．周期表の横の行を**族**といい，1 族から 18 族まである．一方，縦の列を**周期**といい，第 1 周期から第 7 周期まで

元素の周期表は，1869 年にロシアのメンデレーエフにより最初に発表された（図 1・1）．

族	1	2	3	4	5	6	7	8	9	10	11	12	13	14	15	16	17	18
周期 1	1 H 水素 1.008																	2 He ヘリウム 4.003
2	3 Li リチウム 6.941	4 Be ベリリウム 9.012											5 B ホウ素 10.81	6 C 炭素 12.01	7 N 窒素 14.01	8 O 酸素 16.00	9 F フッ素 19.00	10 Ne ネオン 20.18
3	11 Na ナトリウム 22.99	12 Mg マグネシウム 24.31											13 Al アルミニウム 26.98	14 Si ケイ素 28.09	15 P リン 30.97	16 S 硫黄 32.07	17 Cl 塩素 35.45	18 Ar アルゴン 39.95
4	19 K カリウム 39.10	20 Ca カルシウム 40.08	21 Sc スカンジウム 44.96	22 Ti チタン 47.87	23 V バナジウム 50.94	24 Cr クロム 52.00	25 Mn マンガン 54.94	26 Fe 鉄 55.85	27 Co コバルト 58.93	28 Ni ニッケル 58.69	29 Cu 銅 63.55	30 Zn 亜鉛 65.38	31 Ga ガリウム 69.72	32 Ge ゲルマニウム 72.63	33 As ヒ素 74.92	34 Se セレン 78.97	35 Br 臭素 79.90	36 Kr クリプトン 83.80
5	37 Rb ルビジウム 85.47	38 Sr ストロンチウム 87.62	39 Y イットリウム 88.91	40 Zr ジルコニウム 91.22	41 Nb ニオブ 92.91	42 Mo モリブデン 95.95	43 Tc テクネチウム (99)	44 Ru ルテニウム 101.1	45 Rh ロジウム 102.9	46 Pd パラジウム 106.4	47 Ag 銀 107.9	48 Cd カドミウム 112.4	49 In インジウム 114.8	50 Sn スズ 118.7	51 Sb アンチモン 121.8	52 Te テルル 127.6	53 I ヨウ素 126.9	54 Xe キセノン 131.3
6	55 Cs セシウム 132.9	56 Ba バリウム 137.3	57～71 ランタノイド	72 Hf ハフニウム 178.5	73 Ta タンタル 180.9	74 W タングステン 183.8	75 Re レニウム 186.2	76 Os オスミウム 190.2	77 Ir イリジウム 192.2	78 Pt 白金 195.1	79 Au 金 197.0	80 Hg 水銀 200.6	81 Tl タリウム 204.4	82 Pb 鉛 207.2	83 Bi ビスマス 209.0	84 Po ポロニウム (210)	85 At アスタチン (210)	86 Rn ラドン (222)
7	87 Fr フランシウム (223)	88 Ra ラジウム (226)	89～103 アクチノイド	104 Rf ラザホージウム (267)	105 Db ドブニウム (268)	106 Sg シーボーギウム (271)	107 Bh ボーリウム (272)	108 Hs ハッシウム (277)	109 Mt マイトネリウム (276)	110 Ds ダームスタチウム (281)	111 Rg レントゲニウム (280)	112 Cn コペルニシウム (285)	113 Nh ニホニウム (278)	114 Fl フレロビウム (289)	115 Mc モスコビウム (289)	116 Lv リバモリウム (293)	117 Ts テネシン (293)	118 Og オガネソン (294)
名称	アルカリ金属	アルカリ土類金属											ホウ素族	炭素族	窒素族	酸素族（カルコゲン）	ハロゲン元素	貴ガス元素
価数	+1	+2	複雑									+2	主に +3		主に −3	主に −2	−1	
	主要族元素		遷移元素										主要族元素					

	57 La ランタン 138.9	58 Ce セリウム 140.1	59 Pr プラセオジム 140.9	60 Nd ネオジム 144.2	61 Pm プロメチウム (145)	62 Sm サマリウム 150.4	63 Eu ユウロピウム 152.0	64 Gd ガドリニウム 157.3	65 Tb テルビウム 158.9	66 Dy ジスプロシウム 162.5	67 Ho ホルミウム 164.9	68 Er エルビウム 167.3	69 Tm ツリウム 168.9	70 Yb イッテルビウム 173.0	71 Lu ルテチウム 175.0
ランタノイド															
アクチノイド	89 Ac アクチニウム (227)	90 Th トリウム 232.0	91 Pa プロトアクチニウム 231.0	92 U ウラン 238.0	93 Np ネプツニウム (237)	94 Pu プルトニウム (239)	95 Am アメリシウム (243)	96 Cm キュリウム (247)	97 Bk バークリウム (247)	98 Cf カリホルニウム (252)	99 Es アインスタイニウム (252)	100 Fm フェルミウム (257)	101 Md メンデレビウム (258)	102 No ノーベリウム (259)	103 Lr ローレンシウム (262)

図 2・10　元素の周期表

ある.

ここで，水素を除く 1，2 族と 13 族から 18 族までを **主要族元素** という．それ以外の族の元素は **遷移元素** という．ただし，12 族を遷移元素に含めず，主要族元素とする場合もある．周期表に示したように，族には特有の名前がついているものもある．

元素の周期性が現れるのは，先に述べた"価電子"の数が族の番号によって変化するためである．図 2・8 からもわかるように，主要族元素では同じ周期の元素は価電子の数が異なるため，それぞれの性質も異なる．一方，同じ族なら同じ数の価電子をもつため，同じ族の元素は似た性質をもつことになる（2・5 節参照）．

> 具体的には示さないが，遷移元素では価電子が内側の軌道に存在し，最外殻の電子配置にほとんど変化はないので，似た性質をもつ．このため，"遷移"には族ごとに性質が異なる主要族元素の間を徐々に移り変わるという意味がある．

2・4 元素の性質と周期性

ここでは，元素のいくつかの性質を取上げて，その周期性について見てみよう．

イオン化エネルギーの周期性

原子は電気的に中性であるが，電子を失ったり得たりすると電荷を帯びる．このように正（プラス）または負（マイナス）に荷電した原子や原子団のことを **イオン** という．

> 図 2・11 などに示したように，電子（electron）は e^- の記号で表す．

1 族のアルカリ金属は電子 1 個を失って，1 価の **陽イオン** になりやすい．その理由は，たとえばリチウム原子は 2s 軌道の 1 個の電子を放出すると，残りの電子は 1s 軌道の 2 個だけとなり，この電子配置はヘリウム原子と同じ安定な閉殻構造となるためである（図 2・11a）．

原子の電子は一定のエネルギーをもった軌道に入っており，外部からエネルギー I を与えると，電子はそのエネルギーを受取って原子から飛び出し，原子に属さない"自由電子"となる（図 2・11b）．このように原子を陽イオンにするのに必要なエネルギー I を **イオン化エネルギー** という．

> イオンのもつ電荷の数を **価数** という．イオンを表すときには，元素記号の右上に価数に電荷の符号をつけて表す．ただし，価数が 1 のときは省略する．たとえば，ナトリウムの 1 価の陽イオンは Na^+，電子 2 個を失ったカルシウムの 2 価の陽イオンは Ca^{2+} と表される．

図 2・12 におもな元素のイオン化エネルギーを示した．一般に，イオン化エネルギーは周期表の右上にいくほど大きくなる．これは以下の理由による．

同じ周期 一般に原子番号の増加にともないイオン化エネルギーは大きくなる傾向が見られる．これは，原子番号が増えるほど原子核の電荷が大きくなり，最外殻電子を取除くには大きなエネルギーが必要となるためである．

> 一つ目の電子を取除く場合を"第一イオン化エネルギー"，二つ目の電子を取除く場合を"第二イオン化エネルギー"という．図 2・12 には示したのは第一イオン化エネルギーである．

同じ族 一般に周期表の下にいくほどイオン化エネルギーは小さくなる．これは，下の周期の原子ほど原子核から離れた軌道に電子が入ってお

14   2. 物質は何からできているの？

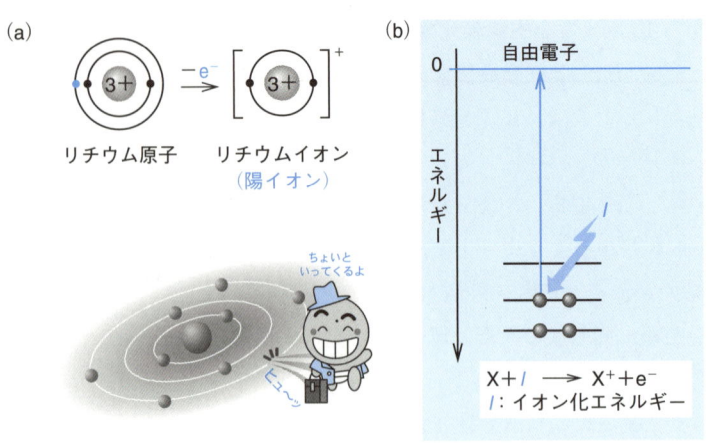

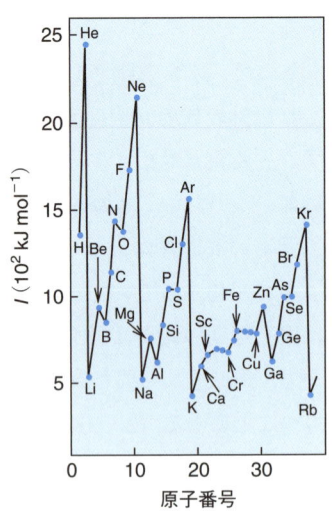

図2・11 陽イオンの生成（a）およびイオン化エネルギー（b）

図2・12 元素のイオン化エネルギー

り，そのような電子は原子核からの引力が弱く容易に取去ることができるためである．

電子親和力の周期性

上記とは逆の過程，つまり，自由電子が原子の軌道に入ることもある．17族のハロゲン元素は電子1個を得て，1価の**陰イオン**になりやすい．その理由は，たとえばフッ素原子はL殻に7個の電子をもち，もう1個の電子があれば，ネオンと同じ安定な閉殻構造となるためである（図2・13a）．

> 陰イオンの表記の仕方も陽イオンと同様である．
> たとえば，フッ素の1価の陰イオンは F^- となる．ハロゲンの陰イオンの名称は〇〇化物イオンとよばれる．つまり，F^- はフッ化物イオン，Cl^- は塩化物イオンである．

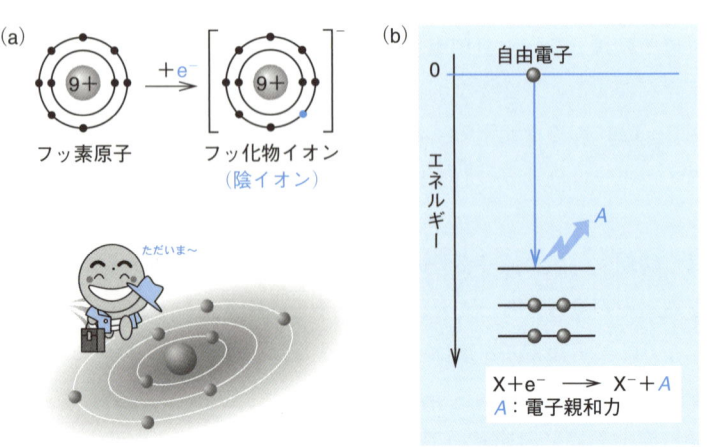

図2・13 陰イオンの生成（a）および電子親和力（b）

原子が1個の自由電子を得るときには，余分のエネルギーを外部に放出する．このエネルギー A を**電子親和力**という（図2・13b）．ここでは具体的な数値については省略するが，電子親和力が正の値で大きいほど，陰イオンになりやすい．17族のハロゲンが最も大きい正の値を示すことがわかっており，このことはハロゲンが陰イオンになりやすいことを示している．

2・5 個性豊かな元素たち

ここでは，あとの章との関わりも含めて，周期表に従い，主要族元素と遷移元素に分けて，その特徴について簡単に見ていこう．図2・14に示すように，主要族元素には金属のものや非金属のもの，そしてその中間を示すものもある．また，固体，液体，気体とさまざまな状態で存在する．一方，遷移金属は金属固体として存在する．

金属と非金属の中間の性質を示すものを**半金属**という．

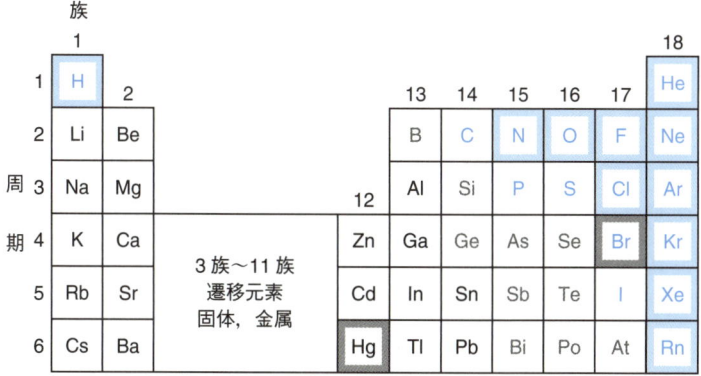

図2・14 主要族元素の性質 元素記号が黒は金属，青は非金属であり，灰色は金属と非金属の中間の性質をもつ．また常温常圧で，□は固体，□は液体，□は気体である

主 要 族 元 素

水素 通常は1族元素とみなされるが，その性質は他の1族元素と大きく異なる．宇宙に存在する元素の約90％が水素である．太陽は水素ガスの巨大なかたまりである．地球上では，おもに水あるいは生命を構成する有機化合物（4章）の形で存在している．

水素原子はさまざまな元素と結合して，数多くの化合物をつくることができる．そのうち，水素が水素イオン H^+ の形で存在するものが数多く見られる．

たとえば，塩化水素 HCl，硝酸 HNO_3，硫酸 H_2SO_4 などがあり，水に溶けると H^+ となって放出される（6・5節）．

1族（アルカリ金属） 軟らかい金属である．最外殻にある1個の電子を失って，+1価の陽イオンになりやすい．また，リチウム以外は空気中の水分と爆発的に反応して，水素ガスを発生し，水酸化物となる．

水酸化ナトリウム NaOH などの水酸化物は強い塩基性を示す（6・5節）．

金属の塩を炎に入れると，その金属に特有の色が出ることがある．これを **炎色反応** という．

> これを利用して，花火などの発色剤に利用される．

リチウムは携帯情報機器の電池に利用されている（10・5節）．ナトリウムとカリウムは人体に欠かせない元素であり（8・2節），イオンとして細胞内外に存在している．

2族（アルカリ土類金属） 水素や酸素と容易に反応するが，アルカリ金属と比べると反応性は高くない．アルカリ金属と同様に，水と反応して水酸化物を生成する．また，最外殻にある2個の電子を失って，+2価の陽イオンになりやすい．アルカリ金属と同様に炎色反応を示す．

> 水酸化物はベリリウムを除いて塩基性を示す．
>
> 純粋なマグネシウムは非常に燃えやすい（酸化されやすい）．

マグネシウムは非常に軽いので，その合金は航空機の機体などに用いられる．また，植物の光合成を行う葉緑素（クロロフィル）の中心に存在する．カルシウムは骨や歯の成分として，生体には欠かせない元素である．

13族元素（ホウ素族） ホウ素は黒い硬い固体であり，半導体の性質をもつ．アルミニウムは空気中で酸化されて緻密な膜をつくるため，耐食性にすぐれている．また，宝石のサファイヤやルビーは酸化物の結晶である．ホウ素と同様に，ガリウムとインジウムも半導体の性質をもつ．

> アルミニウムの水酸化物や酸化物は，酸にも塩基にもなる両性の性質をもつ（6・5節）．

14族元素（炭素族） 炭素は有機化合物を構成する元素であり，生命にとって重要な元素である．また，炭素のみからできている物質でも，その結合の仕方によって構造や性質の異なるものが存在している（4章）．

ケイ素は地殻に多く含まれる元素であり，ケイ素とゲルマニウムは半導体である．また，ケイ素の酸化物はガラスの主成分となっている（4・2節）．

> 特にケイ素は集積回路や太陽電池などをつくる材料として重要である（10章）．

スズを鉄板にメッキしたものはブリキとよばれ，缶詰の缶などに使われる．鉛は鉛蓄電池や自動車のバッテリーとしての用途がある．また，放射線を遮へいできる性質をもつ（9・5節）．

15族元素（窒素族） 窒素 N_2 は常温，常圧で無色，無臭の気体であり，空気の体積の約78％を占める．液体窒素は沸点が −196℃ と低いため，化学や物理の実験などに冷却剤として用いられる．リンは遺伝を担う DNA，エネルギー貯蔵物質である ATP や動物の骨などの成分であり（7章），生体にとって重要な元素である．ヒ素の化合物は非常に毒性が強い．また，ヒ素は半導体としての性質をもつ．

> リンやヒ素のみからなる物質は炭素と同様に，その結合の仕方によって異なる性質のものが存在する．

16族元素（酸素族あるいはカルコゲン） 酸素 O_2 は常温，常圧で無色，無臭の気体であり，空気中の体積の約21％を占める．地球上の酸素は植物などの光合成によりつくられ，動物は酸素を呼吸により取入れてエネルギーをつくっている．酸素は反応性に富んでおり，ほどんどの元素と反応して酸化物をつくる．硫黄は多くの元素と結合し，地殻中に存在している．硫黄の酸化物からは，各種の酸が得られる．

> カルコゲンとは鉱石をつくるものという意味をもつ．
>
> 硫黄を含む酸としては硫酸 H_2SO_4 をはじめとして，H_2SO_3，$H_2S_2O_3$，$H_2S_2O_6$，$H_2S_2O_7$ などがある．

17 族元素（ハロゲン） 常温，常圧ではそれぞれ下記のような状態をとる．

フッ素（F_2）	塩素（Cl_2）	臭素（Br_2）	ヨウ素（I_2）
気体	気体	液体	固体
淡い黄緑色	黄緑色	赤褐色	紫黒色

フッ素は最も反応性の高い元素である．また，最も大きな電気陰性度をもつため（図 3・7），ほとんどの化合物がイオン性となる．塩素には殺菌や漂白する作用がある．一般に有機塩素化合物は有害で，しかも分解しにくいため，環境問題の原因ともなっている（9・2 節）．

18 族元素（貴ガス） 常温，常圧で無色，無臭の気体である．電子配置が安定な閉殻構造をとるため，反応性に乏しい．

ヘリウムは分子をつくらず，原子のままで気体として存在している．宇宙では水素に次いで多い元素であり，太陽での核融合反応によって生成する．水素に次いで軽い気体であり，しかも不燃性である．ネオンやアルゴンはわずかながら空気中に存在する．

> ハロゲンという言葉は，金属と反応して塩（えん）をつくるので，ギリシャ語の塩（ハロ）とつくる（ゲン）に由来する．

> フッ素や塩素を含むフロンという化合物は，オゾン層を破壊する原因となっている（9・3 節）．

> ヘリウムの沸点や融点はすべての物質のなかで最も低いため，固体にはならずに液体のままなので，極低温における超伝導（4・2 節）の実験の冷却剤として用いられる．

遷 移 元 素

遷移元素はすべて金属であり，水銀 Hg 以外は固体である．遷移元素においては最外殻の軌道よりもその一つ内側の軌道のエネルギーが高いため，まず最外殻の軌道に電子が入ってから，つぎに内側の軌道に入る．そのため，元素の性質を決める最外殻の電子配置に違いはないので，性質は

日本発の新元素 —— ニホニウム

周期表に掲載されている元素のうち，自然界に存在する元素は原子番号 92 のウランまでのうちの約 90 種類である．それより原子番号の大きな超ウラン元素は核反応により人工的につくられた放射性元素（9・5 節）である．元素の名前は最初に発見した人がつけることになっているが，人工元素の場合は最初につくった人やグループ（実際には国）が名前をつける．

原子番号 113 の元素は，2004 年に日本の理化学研究所のグループにより世界に先駆けてつくられた．その後，十分な確証を得るために実験は続けられたが，他の国でも新たな元素の合成が進められた．そのような状況下で，ようやく IUPAC（国際純正・応用化学連合）という組織から命名権が与えられ，2016 年に「ニホニウム Nh」と正式に承認された．これまで元素の発見と命名は欧米のみで行われており，アジアでは初めての快挙となった．

> ニホニウムは，加速器を用いて加速した亜鉛イオンを標的となるビスマスに照射し，両者の原子核を融合させてつくられた．

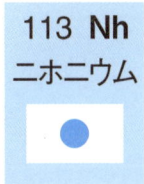

遷移元素の性質が似ているのを例えるなら，ホテル勤めのネコ君はみんな同じ制服を着ており，中に着ているシャツを変えても制服で隠されていて，その変化がわからない．つまり，ネコ君たちの印象はほとんど同じである．

似たものとなる．ただし，各元素にはそれぞれ特有の性質も見られるが，ここでは紙面の都合もあり省略する．

主要族元素と同じように，遷移元素もいくつかに分類される．図2・10の元素の周期表にあるように，第6周期と第7周期の3族元素は15種類ずつあり，ランタン La から始まる系列を**ランタノイド**，アクチニウムから始まる系列を**アクチノイド**とよぶ．また，3族のスカンジウム Sc，イットリウム Y とランタノイドをあわせて**希土類**とよぶこともある．

また，92番のウラン U のつぎのネプツニウム Np 以降の元素のことを**超ウラン元素**ということがある．

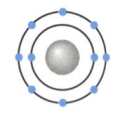

ネオンの電子配置

章末問題

2・1 原子を構成する3種類の粒子の名前をあげよ．そのうち，正（プラス）の電荷をもつ粒子は何か．また，質量の最も小さな粒子は何か．

2・2 以下の文の空欄に適当な語句を入れて完成せよ．
電子雲は電子の ① を表し，② の大きさは電子雲の大きさに相当する．

2・3 同位体とは何か説明せよ．

2・4 K殻，L殻，M殻の電子殻は，それぞれいくつの軌道をもつか．また，各電子殻は電子を最大でいくつ収容できるか．

2・5 以下の文には一箇所だけ誤りがある．その箇所を訂正せよ．
電子殻の半径や軌道のエネルギーなどのように，原子のような極めて小さな世界では量が連続的に変化する．

2・6 s軌道，p軌道，d軌道はそれぞれどのような形をしているか．

2・7 欄外に示したネオンの電子配置にならって，つぎの原子およびイオンの電子配置を示せ．a) O，b) C，c) Na^+，d) F^-

2・8 主要族元素では，周期表において，同じ周期の元素は性質が異なり，同じ族の元素は似た性質をもつ．その理由を簡潔に述べよ．

2・9 イオン化エネルギーの大きさは，a) 原子番号が増加するにつれて，b) 周期表の下にいくにつれて，どのように変化するか．

2・10 周期表において，以下の性質をもつ元素が属する"族"は何か．
a) 2価の陽イオンになりやすく，炎色反応を示す．
b) 常温，常圧で無色，無臭の気体であり，反応性に乏しい．
c) 1価の陽イオンになりやすく，炎色反応を示す．
d) 有機化合物を構成する主要な元素や半導体の性質をもつ元素が属する．
e) ほとんどの化合物がイオン性であり，1価の陰イオンになりやすい．

3 物質はどのようにできているの?

　すべての物質は原子からできており，原子どうしは**化学結合**によって結びついている．また，分子の間にも力（**分子間力**）が働き，互いに引き合っている．この章では，最初に化学結合や分子間力について解説し，その後，物質（分子）のプロフィール（成り立ち，質量，濃度など）を表すための約束事について見ていこう．

3・1　物質をつくる力——化学結合

　水や空気中の窒素や酸素などのようにいくつかの原子が結合してできた物質の最小単位を**分子**という（図3・1a）．一方，鉄などの金属や塩化ナトリウム（食塩）などのように，無数の原子やイオンが三次元的に規則性をもってつながり，分子というはっきりとした単位をもたない**結晶**という物質もある（図3・1b）．

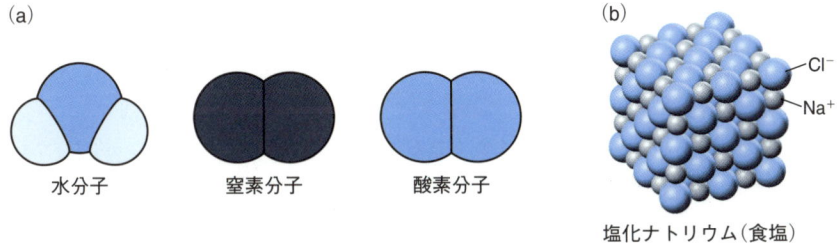

図3・1　**物質の構成単位**　(a) 分子，(b) 結晶

　表3・1に示すように，金属は"金属結合"，塩化ナトリウムなどのように陽イオンと陰イオンからできた物質は"イオン結合"，水や窒素や酸素などの分子や4章で見る有機物質などは"共有結合"でできている．

3. 物質はどのようにできているの？

表3・1 代表的な結合

	結合名		例
原子間	金属結合		Fe, Au, Ag
	イオン結合		NaCl, $MgCl_2$
	共有結合	単結合	H_2, H_2O, C_2H_6
		二重結合	O_2, CO_2, C_2H_4
		三重結合	N_2, C_2H_2
分子間	水素結合		$H_2O\cdots H_2O$
	ファンデルワールス力		$He\cdots He$, $I_2\cdots I_2$

分子の間に働く力については3・6節で述べる．

3・2 金属結合 ── 電子の自由な動き回り

鉄などの金属結晶は，箱の中に詰まったミカンのように，原子が三次元的に規則正しく積み重なってできている（図3・2a）．金属原子からは価電子が失われ，プラスに荷電した金属イオンの間を価電子が自由に動き回っている．このような電子を特に**自由電子**という．このプラスに荷電した金属イオンとマイナスに荷電した電子との静電的な引力（クーロン力）により，方向性をもたない結合が形成される（図3・2b）．これを**金属結合**という．

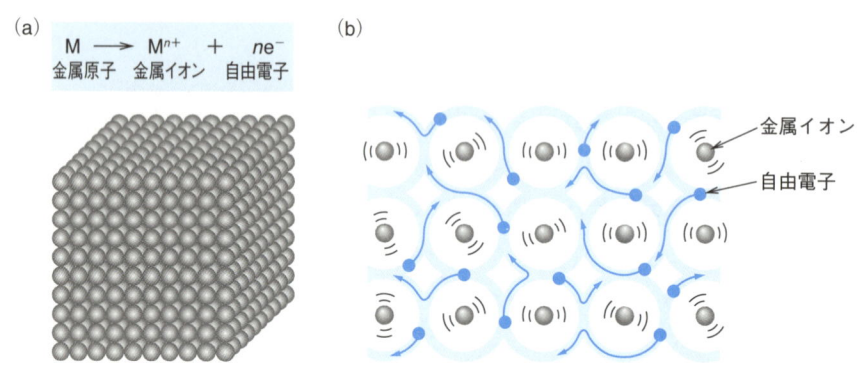

図3・2 金属結晶（a）および金属結合（b）の模式図

3・3 イオン結合 ── プラスとマイナスの引きつけ合い

塩化ナトリウムなどのイオン結晶では，陽イオンと陰イオンが結びついて三次元的に規則正しく並んでいる（図3・1b）．この陽イオンと陰イオンを結びつける力を**イオン結合**という．イオン結合の本質は，プラスの電荷とマイナスの電荷の間に働く静電的な引力（クーロン力）である（図3・3）．図からわかるように，静電的な力は方向性をもたず，その大きさは二つの電荷の間の距離にだけ関係する．そのため，マイナス電荷のまわりに何個のプラス電荷があっても，距離が同じであれば，すべて同じ大きさの引力となる．

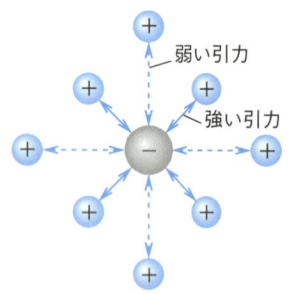

図3・3 イオン結合における静電的な引力

3・4 共有結合――電子の出し合い

水素分子 H_2 は 2 個の水素原子 H が結びついてつくられる．図 3・4(a) に示すように，結合する 2 個の原子が互いに 1 個ずつの電子を出し合い，それを "共有" することによって結びつく．これを**共有結合**という．共有された 2 個の電子は，特に原子核の間に存在する確率が高く，**結合電子雲**とよばれる（図 3・4b）．共有結合は原子核と結合電子雲の間の静電的な引力によると説明できる．共有結合は空気中の窒素分子や酸素分子，さらには水分子や有機化合物（4 章）などを構成する大切な結合である．

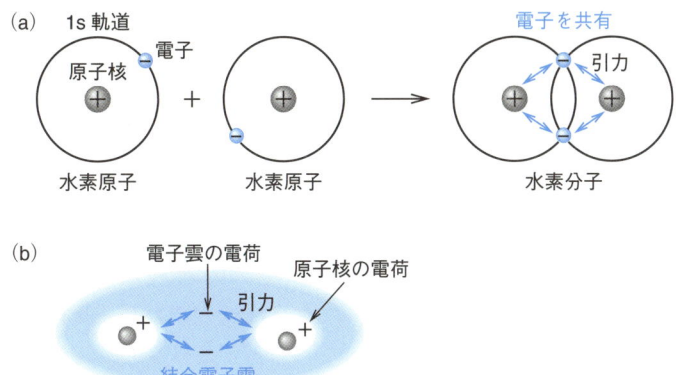

図 3・4 共有結合 (a) 水素分子における共有結合の形成，(b) 結合電子雲

このような共有結合は各軌道に 1 個だけしか入っていない電子を使って形成する．このような電子を**不対電子**という．一方，一つの軌道にスピンを逆にして対になって入っている電子を**非共有電子対**あるいは**孤立電子対**という．不対電子を 1 個しかもたない原子は 1 本の共有結合しかつくることができないが，2 個，3 個の不対電子をもつ原子は 2 本，3 本の共有結合をつくることができる．この不対電子を，"結合する手" ということで**結合手**とよぶことがある．表 3・2 に不対電子の数（図 2・8 参照）と結合手の数を示した．一部の元素において，不対電子の数と結合手の数に違いがあることに注意しよう．

一部の元素において，不対電子の数と結合手の数が一致しない理由についてはその詳細を省略するが，たとえば炭素の不対電子が 2 個で，結合手の数が 4 になるのは，L 殻にある 2s 軌道と 2p 軌道が混ざり合って新しい軌道をつくり，不対電子が 4 個できるためである．このような軌道を "混成軌道" という．

表 3・2 いくつかの元素の不対電子数と結合手の数

元 素	H	Li	Be	B	C	N	O	F	Ne
不対電子数	1	1	0	1	2	3	2	1	0
結合手の数	1	1	2	3	4	3	2	1	0

水分子が折れ曲がった構造をしているのは，下記に示すように，酸素原子には二組の非共有電子対のところに相手の原子が結合していないためと考えるとよい．

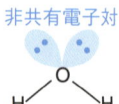

つぎに，いくつかの分子を例に取上げて，共有結合の様子を見てみよう（図3・5）．水分子を構成する1個の酸素は2本の結合手により2個の水素原子と結合して，折れ曲がった形の分子を形成する．このように結合手を1本ずつ（電子を1個ずつ）出し合った結合を**単結合**という．また，酸素分子は2個の酸素原子がそれぞれ結合手を2本ずつ（電子を2個ずつ）出し合っているので**二重結合**，窒素分子は2個の窒素原子がそれぞれ結合手を3本ずつ（電子を3個ずつ）出し合っているので**三重結合**という．以上のような共有結合は"線"で表示され，図3・5に示したように，単結合は1本の線，二重結合は2本の線，三重結合は3本の線で表される．

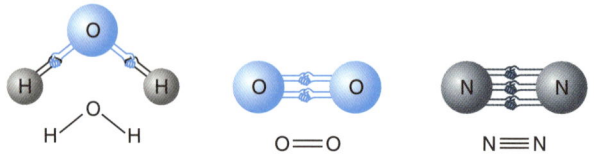

図3・5　共有結合は原子どうしの握手（結合手）

また，水分子で見たように，3個以上の原子からなる分子にはそれぞれ特有の形がある．これは金属結合やイオン結合とは異なり，共有結合には方向性があることを示している．

3・5　化学結合における電荷の偏り

水素 H_2 や塩素 Cl_2 は純粋な共有結合からなるが，塩化水素 HCl のように共有した電子対が一方の原子に偏ることがある．この結果，水素がいくぶんプラスに荷電し，塩素がいくぶんマイナスに荷電して，イオン結合性が混ざった共有結合が形成される（図3・6）．このように，電荷に偏りをもち，

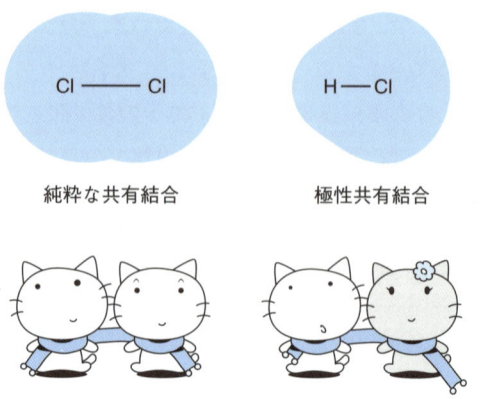

図3・6　**純粋な共有結合と極性共有結合**　Cl_2 では電子雲の偏りはないが，HCl では塩素のほうに電子雲が偏っている

イオン結合と共有結合の中間的な性質をもつものを**極性共有結合**という．これは，マフラー（電子）を巻いた2匹のネコに例えられる．純粋な共有結合ではマフラーを均等に巻いているが，極性共有結合ではマフラーを均等に巻いていない．

化学結合に電荷の偏りが生じるのは，原子によって電子を引きつける能力が異なるためであり，このような能力の尺度のことを**電気陰性度**という．図3・7にはおもな元素の電気陰性度を示した．ここには電気陰性度の最も高いフッ素を4としたときの相対的な値を示してある．HCl分子では水素原子の電気陰性度が2.1，塩素原子の電気陰性度が3.0であるため，塩素のほうが水素よりも電子を引きつける力が大きく，電子が塩素のほうに偏って存在している．

2章でふれた元素の"周期性"が電気陰性度においても見られる．図3・7から電気陰性度は周期表の右上にいくほど高くなることがわかる．
- 1族のアルカリ金属は電気陰性度が低く，電子を放出して閉殻構造となるため，陽イオンになりやすい．
- 17族のハロゲンは電気陰性度が高く，電子を獲得して閉殻構造となるため，陰イオンになりやすい．

H 2.1						
Li 1.0	Be 1.5	B 2.0	C 2.5	N 3.0	O 3.5	F 4.0
Na 0.9	Mg 1.2	Al 1.5	Si 1.8	P 2.1	S 2.5	Cl 3.0
K 0.8	Ca 1.0	Ga 1.6	Ge 1.8	As 2.0	Se 2.4	Br 2.8

図3・7　いくつかの元素の電気陰性度

化学結合のイオン性と共有結合性の割合は結合原子間の電気陰性度の差によって変化し，おおよそ以下のような目安がある．

1.7以上 ➡ イオン結合，0.5〜1.7 ➡ 極性共有結合，0.5以下 ➡ 無極性共有結合

図3・7より，塩化ナトリウムではNaが0.9，Clが3.0であり，電気陰性度の差は2.1となるので，これまでに見たようにイオン結合であることがわかる．また，水分子ではHが2.1，Oが3.5であり，電気陰性度の差が1.4であるので極性共有結合であることがわかる．

結合のイオン性を表す経験式より，イオン性が50%になるときの電気陰性度の差がおよそ1.7となる．

3・6 分子間に働く力

原子だけが結合するのではなく，分子も互いに引き合っている．このような力を**分子間力**という．ここでは，代表的なものをいくつか取上げる．

水 素 結 合

前節で見たように，水分子を構成する水素よりも酸素のほうが電気陰性

度は高い．このため，水分子では酸素がいくぶんマイナスに荷電し，水素がいくぶんプラスに荷電している（図3・8a）．このような分子を**極性分子**という．水分子の間では，酸素原子と水素原子の間に静電的な引力が生じる（図3・8b）．これを**水素結合**という．水素結合は他の分子間力と比べるとその力は強いが，共有結合やイオン結合に比べるとずっと弱い．

水分子間に働く水素結合については，6・1節でも説明する．

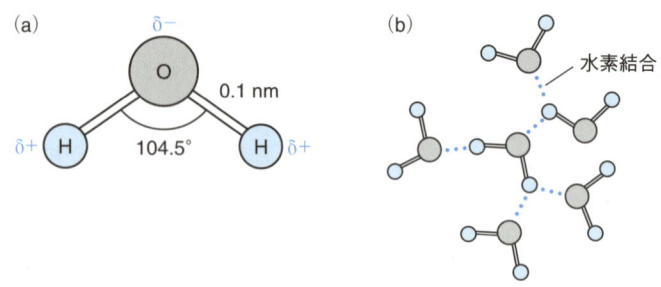

図3・8　**水素結合**　(a) 水分子では水素がプラス，酸素がマイナスに荷電している．δ（デルタ）はいくぶんプラス，いくぶんマイナスを表す．(b) 水分子間に形成された水素結合

ファンデルワールス力

　ファンデルワールス力は大きく分けて3種類ある．そのうち，二つは水素結合と同様に，分子どうしの電荷にもとづいた力である．ここでは，原子どうしや極性のない分子間に働く力について見てみよう．図3・9に示すように，通常の状態では，原子は原子核のプラスの中心と電子雲のマイナスの中心は一致しており，電気的に中性である．ところが，電子雲は常にゆらいでおり，瞬間的に原子核からずれることもある．このため，プラスとマイナスの中心がずれて，原子に電荷の偏りが現れる．すると，この電荷によって隣の原子の電子雲もゆらぎ，そこにも電荷の偏りが現れる．その結果，原子どうしに瞬間的に静電的な引力が働く．同じことは，分子の間でも起こり，その結果，極性をもたない分子の間にも引力が生じることになる．このようなファンデルワールス力を，特に**分散力**といい，分子

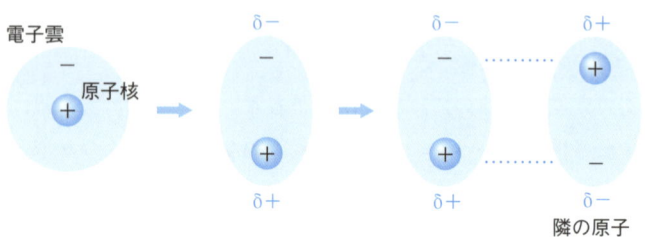

図3・9　ファンデルワールス力（分散力）

が大きいほど強く、その強さは水素結合の 1/100 程度である．

たとえば、2・5 節で見たように、ハロゲン分子 F_2, Cl_2, Br_2, I_2 のうちで、常温では I_2 が唯一の固体であり、固体中ではヨウ素分子が規則正しく並んでいる（図 3・10）．これらの分子のうちで I_2 における分散力が最も強いためであり、これは原子のサイズが大きなヨウ素では、原子核による電子の束縛が弱く、電子雲がゆらぎやすいことに由来する．

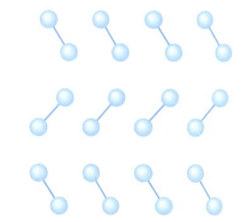

図 3・10　固体中の I_2 分子

3・7　物質のプロフィール

すでに 2 章で見たように、原子の種類を表すのに元素記号が用いられ、原子の質量は原子量により表された．ここでは、特に物質のプロフィールに関する約束事について述べよう．そうすると、共通の言葉でさまざまな物質について話すことができる．

化学式および分子式

物質を構成する原子の種類と個数を表したものを**化学式**といい、特に 1 個の分子について表した化学式のことを**分子式**という．たとえば、水分子は水素原子 2 個と酸素原子 1 個からなるため、分子式は H_2O と表せる．二酸化炭素は 1 個の炭素原子と 2 個の酸素原子からなるため、分子式は CO_2 となる．ここで、構成原子の個数は下付きの数字で表され、1 個の場合はその数字を省略する．

一方、分子という単位をもたない塩化ナトリウム（食塩）は無数のナトリウムイオン Na^+ と塩化物イオン Cl^- が 1 : 1 の個数比で構成され、全体の電荷がゼロとなっており、その化学式は $NaCl$ と表記される．ここでイオンは陽イオン、陰イオンの順で表記する．また、2 個以上の原子からなるイオン、たとえば水酸化物イオン OH^- を含む場合、カルシウムイオン Ca^{2+} とからなる水酸化カルシウムは全体の電荷がゼロになるように、化学式は水酸化物イオンを括弧に入れ、括弧の外に下付きの数字を添えて、$Ca(OH)_2$ と表記する．

分子式における元素記号の順番には、おもに以下のような約束がある．
① 周期表における順に元素記号を左から表記する．ただし、水素は約束 ② のように例外とされる．
② 水素を含み、他の元素が 16 族と 17 族以外の場合は、水素を最後に表記する．たとえば、代表的な有機化合物であるメタン（4・3 節）の分子式は CH_4 となる．一方、水分子では酸素は 16 族であるので、約束 ① に従って水素を最初に書く．

分子量および式量

分子において、原子の原子量に相当するのが**分子量**である．分子量はすべての原子の原子量を足した値である．

たとえば、水分子 1 個の分子量は水素原子 2 個と酸素原子 1 個の原子量を足し合わせた値であり、図 2・10 の周期表に示した 4 桁の原子量を用いると、

$$(1.008 \times 2) + (16.00) \times 1 \fallingdotseq 18.02$$

原子量については 2・1 節を参照のこと．

であり，水分子の分子量は 18.02 となる．

一方，塩化ナトリウム NaCl はその組成にもとづく質量で表され，これを**式量**という．同様にして求めると，

$$(22.99 \times 1) + (35.45 \times 1) = 58.44$$

であり，塩化ナトリウムの式量は 58.44 となる．

3・8 物質の単位

物質に含まれている原子や分子は極めて小さいので，日常の生活で見られる物質には膨大な数の原子や分子が含まれている．たとえば，

- コップ一杯の水（180 mL）にはおよそ 6×10^{24} 個の水分子が含まれる．
- 大さじ 3 杯の食塩（58 g）にはおよそ 6×10^{23} 個の Na^+ イオンと Cl^- イオンが含まれる．

このような極めて大きな数を取扱うのはとても不便である．

モル

これは鉛筆 12 本を 1 ダース，24 本を 2 ダースとして取扱うのと同じである．

化学の世界では，物質量を表すときに**モル**という単位を用いている．その記号は mol で表され，6.022×10^{23} という数を 1 モルと定義している．上記の水と食塩の例では，図 3・11 に示すように，

- コップ一杯の水にはおよそ "10 モル" の水分子が含まれる．
- 大さじ 3 杯の食塩にはおよそ "1 モル" の Na^+ イオンと Cl^- イオンが含まれる．

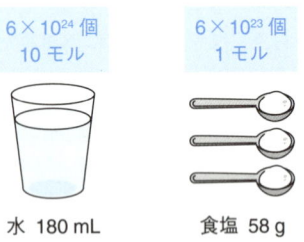

図 3・11　**モルは物質量を表す単位**

このようにモルを用いれば，物質を構成する原子や分子の数が簡単な数値で表すことができる．この 6.022×10^{23} という数字を提唱者の名前をとって**アボガドロ数**という．また，この数字に単位をつけて表した 6.022×10^{23} mol^{-1} を**アボガドロ定数**という．これは原子や分子 1 mol あたり 6.022×10^{23} 個含まれることを意味する．

アボガドロ定数は，$6.02214076 \times 10^{23}$ mol^{-1} と正確な数として定義されている．

以上のように，モルは物質の量を表す便利な単位であり，物質の濃度（6・3 節）などを取扱うとき，モルを用いると理解しやすくなる．

アボガドロ数を実感する

アボガドロ数 6.022×10^{23} は非常に大きな値である．日本での数の単位は万（10^4）以降は億（10^8），兆（10^{12}），京（けい，10^{16}）と 10^4 ごとに上がっていくが，さらにその上は垓（がい，10^{20}），秭（じょ，10^{24}），穣（じょう，10^{28}）…となり，最後は不可思議（ふかしぎ，10^{64}），無量大数（むりょうたいすう，10^{68}）で打ち止めになる．したがって，アボガドロ数は "6千垓" ということになる．

これがどれくらい大きな数字なのかを見てみよう．たとえば，コップ1杯の水（180 mL，6×10^{24} 個，10 モル）の分子を青く染めて，東京湾に流したとしよう．この青色の水分子はやがて東京湾を出て，太平洋に広がり，さらに蒸発して雲になって世界中にいきわたる．そして，何億年後には，地球上のすべての水の中に均一に混じる．このとき，東京湾に行って，コップ1杯の水をすくったとする．さて，このコップの中に青色の水分子は入っているだろうか？ 一見したところコップの水は透明であるが，実はその中に "700個" くらい青色の水分子が混じっているのである！ これがアボガドロ数の大きさであり，タイムマシンがあれば実際に確かめることもできる．

モル質量

物質 1 mol あたりの質量を**モル質量**といい，単位は g mol^{-1} である．原子のモル質量は原子量に g mol^{-1} の単位をつけたものであり，化合物のモル質量は分子量や式量に g mol^{-1} の単位をつけたものである．たとえば，水素原子のモル質量は 1.008 g mol^{-1}，酸素原子のモル質量は 16.00 g mol^{-1} となる．また，水分子のモル質量は 18.02 g mol^{-1}，塩化ナトリウム（食塩）のモル質量は 58.44 g mol^{-1} となる．

モル質量を用いれば，質量（g）を物質量（mol）に換算できる．たとえば，100 g の水分子の物質量は，

$$\frac{100.00 \text{ g}}{18.02 \text{ g mol}^{-1}} \fallingdotseq 5.549 \text{ mol}$$

また，100 g の塩化ナトリウムの物質量は，

$$\frac{100.00 \text{ g}}{58.44 \text{ g mol}^{-1}} \fallingdotseq 1.711 \text{ mol}$$

となる．

章末問題

3・1 つぎの物質を構成する化学結合の名称をいえ．a) 塩化ナトリウム，b) 鉄，c) 水

3・2 以下の文は共有結合について説明したものである．空欄に適当な語句や数字を入れて完成せよ．

水素分子は，結合する2個の水素原子が互いに ① 個ずつの電子を出し合い，それを共有することよって形成される．共有された電子は，特に ② の間に存在する確率が高く，③ とよばれる．

3・3 以下の物質のうち，単結合，二重結合，三重結合をもつものはどれか．

O_2, H_2O, CO_2, N_2, HCl, Cl_2

3・4 図3・7の電気陰性度の値を用いて，つぎの物質を構成する結合がイオン結合か共有結合かを答えよ．a) KCl, b) MgO, c) H_2S

3・5 以下の文は水素結合について説明したものである．空欄に適当な語句を入れて完成せよ．

水分子を構成する水素よりも酸素のほうが ① は高い．このため，水分子では ② がいくぶんマイナスに荷電し，③ がいくぶんプラスに荷電している．この結果，水分子の間では，酸素原子と水素原子の間に静電的な引力が生じる．

3・6 ハロゲン元素のなかで常温において固体であるのはヨウ素 I_2 だけである．その理由を説明せよ．

3・7 つぎの物質の化学式を書け．a) 塩化バリウム，b) 炭酸ナトリウム，c) 硝酸カルシウム，d) 硫酸アルミニウム

3・8 周期表（図2・10）における4桁の原子量を用いて，つぎの物質の分子量または式量を求めよ．a) 二酸化炭素，b) 塩化カリウム，c) 硫酸イオン

3・9 つぎの物質を質量の大きい順に並べよ．a) 1モルの水素分子，b) 1モルの窒素分子，c) 1モルの酸素原子，d) 1モルの水分子，e) 1モルの塩化ナトリウム

3・10 つぎの物質を分子数の多い順に並べよ．a) 10gの水素分子，b) 10gの二酸化炭素，c) 10gの水分子，d) 10gの酸素分子

4 身のまわりの物質を見てみよう

　身のまわりにはさまざまな物質が存在するが，これらをおおまかに分類しながら，どのような物質があるのか見てみよう．

4・1　身のまわりの物質の種類
　ここでは，化学の視点にもとづいて物質を分類してみよう．例として，空気，水，食塩，食塩水を取上げる．

- 1種類の原子からなる物質を**単体**，2種類以上の原子が結合してできた物質を**化合物**という．

　　単体：空気中の窒素 N_2 や酸素 O_2

　　化合物：水 H_2O や塩化ナトリウム $NaCl$

- 1種類だけの化合物あるいは単体からなる物質を**純物質**，2種類以上の化合物あるいは単体が混ざっている物質を**混合物**という．

　　純物質：水や塩化ナトリウム

　　混合物：空気や食塩水（水に塩化ナトリウムを溶かしたもの）

- おもに炭素と水素を含む物質を**有機物質**，それ以外のものを**無機物質**という．

　この章では，身のまわりの物質を無機物質と有機物質に分けて見ていくことにする．

空気：混合物（N_2 と O_2 は単体）
水：純物質・化合物
食塩：純物質・化合物
食塩水：混合物

4・2　無　機　物　質
　無機物質は有機物質（4・3節）以外のものをいうが，金属元素も非金属元素もすべてが無機物質としての構成要素となるため，多くの種類の無機化合物が存在する．これらについては，後の章でいくつか重要な物質を取上げることにして，ここでは金属や合金，ガラス，炭素のみからなる物

金 属

すでに図2・14で見たように，12族も含めて遷移元素はすべて金属であり，主要族元素でも1，2族を中心として，金属であるものが多い．以下に，金属のおもな特徴を示した（図4・1）．

図4・1　金属のおもな特徴　① 電気伝導性と熱伝導性，② 展性と延性，③ 金属光沢

① 電気伝導性，熱伝導性が高い．
② 展性，延性をもつ．
③ 金属光沢がある．

> 金属の電気伝導性と熱伝導性は，金，銀，銅が他の金属に比べて高く，その順序は銀＞銅＞金となる．
>
> "展性"はたたいて箔に広げることのできる性質であり，"延性"は針金に伸ばすことのできる性質である．

ここでは，①の電気伝導性について見てみよう．**電気伝導性**は電気の流れやすさを表し，電気が流れやすければ，電気伝導性は高くなる．金属において電気が流れるのは，金属結合をつくる自由電子が移動するためである（図3・2）．電子が移動しやすければ電気伝導性が高いことになる．金属の温度を上げると金属イオンが熱による振動を始め，電子がそれに邪魔されて動きにくくなる．このため，金属の電気伝導性は低温で高くなり，高温で低くなる（図4・2）．逆にいえば，金属の電気抵抗は低温で小さくなり，高温で大きくなる．そして，ある温度（臨界温度）に達すると，電気抵抗が突如としてゼロになる．これを**超伝導状態**という．臨界温度は一般に金属単体では絶対温度で数ケルビン(K)という極低温であり，液体

> 超伝導状態ではコイルに発熱なしに大電流を流すことができる．すなわち，超強力な電磁石（超伝導磁石）をつくることができる．この超伝導磁石は脳などの断層写真を撮るMRIやリニア新幹線のような磁気浮上列車などに用いられている．

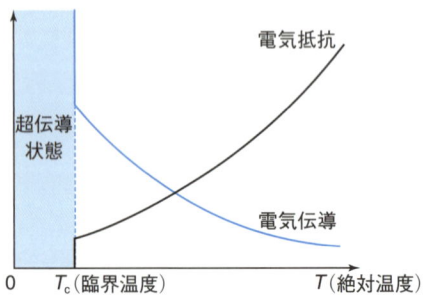

図4・2　金属の電気伝導性（電気抵抗）と温度との関係

ヘリウムを使わないと達成できない．

合　金

　数種類の金属を混ぜたもの，あるいは金属に非金属元素を混ぜたものを**合金**という．純粋な金属がそのまま利用されることはあまり多くなく，合金にすると用途は広がる．表4・1におもな合金とその用途などをまとめた．

表4・1　おもな合金とその用途

名　称	成　分	色	用　途	
青銅（ブロンズ）	銅，スズ	赤銅色など	銅像，鐘，10円玉	青銅はさびると青緑色になる．
黄銅（真鍮，ブラス）	銅，亜鉛	金色	ドアノブ，金管楽器，5円玉	金管楽器に用いられることからブラスバンドの語源となる．
白銅（洋銀，洋白）	銅，亜鉛，ニッケル	銀色	食器，楽器，50円と100円玉	
ステンレス	鉄，クロム，ニッケル	銀色	食器，キッチン用品，鉄道車両	
ジュラルミン	アルミニウム，銅，マグネシウム	銀色	航空機，ケース	ジュラルミンは丈夫で軽い．
ホワイトゴールド	金，ニッケル	銀色	宝飾品	ホワイトゴールドは白金とは異なる．

ガ ラ ス

　固体のなかには結晶とは異なり，規則的な構造をもたない物質がある．このような物質を**非晶質固体（アモルファス固体）**という．その代表的なものが**ガラス**である．

　図4・3(a) は，石英（SiO_2）の結晶の模式図である．ケイ素原子と酸素原子が規則的に配列されている．

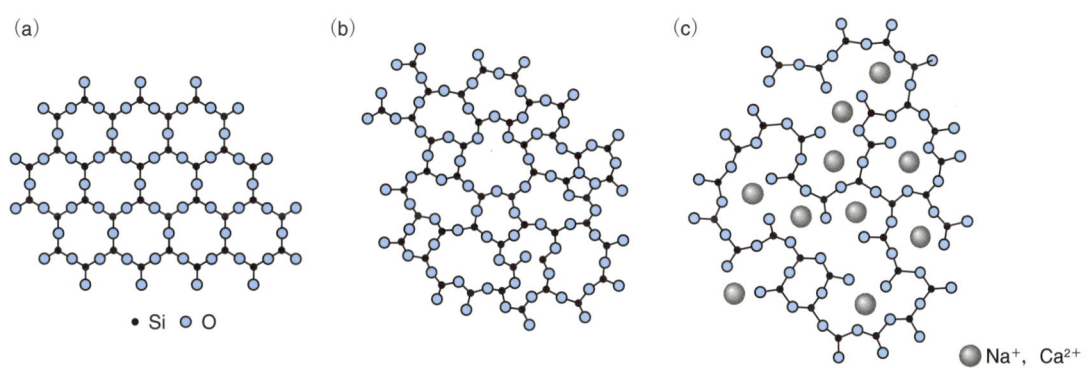

図4・3　ガラスの構造を模式的に示した図　(a) 石英，(b) 石英ガラス，(c) ソーダガラスの構造

　図4・3(b) は，石英を高温で溶かして冷やしてつくった石英ガラス（シリカガラス）の構造であり，原子の位置には規則性が見られない．図4・3(c) は窓ガラスなどに用いられるソーダガラスの構造であり，ナトリウム

イオンやカルシウムイオンがすき間に入り込んでいる．

炭素同素体

同じ元素からなる単体で構造が異なるものを互いに **同素体** という．炭素は多くの同素体をもつことが知られている．

グラファイト（黒鉛） は黒色の軟らかい物質である．図 4・4(a) に示すように，正六角形がつながった平面からなる層状構造をしており，層と層はファンデルワールス力により結びついている（3・6 節）．この層の面内での電気伝導性は高い．

ダイヤモンド は最も硬い物質であり，透明な美しい輝きをもつ．ダイヤモンドは，図 4・4(b) のような構造をもつ．

> 酸素分子 O_2 とオゾン分子 O_3 は互いに同素体であり，リン P では白リン，赤リン，黒リンが知られている．

> ファンデルワールス力は弱いので，力を加えると容易にはがれる．このため，鉛筆の芯に使われている．

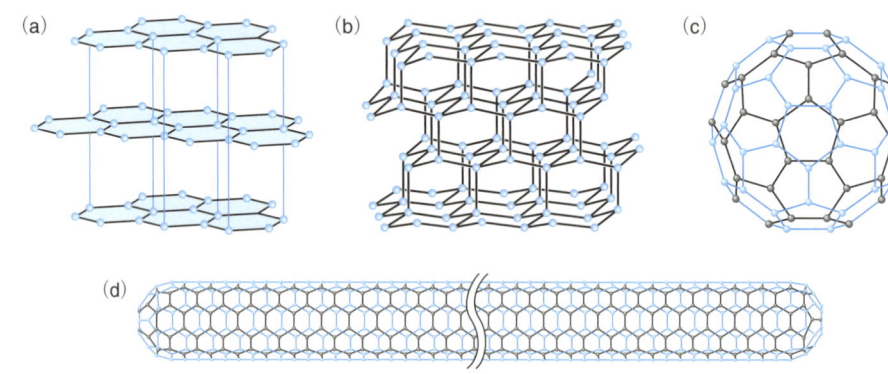

図 4・4　**炭素の同素体**　(a) グラファイト，(b) ダイヤモンド，(c) フラーレン C_{60}，(d) カーボンナノチューブ

つぎに，20 世紀末になり新しく発見された同素体を二つ紹介しよう．

フラーレン は，炭素の燃えた後の煤（すす）から発見された分子である．図 4・4(c) に示した炭素 60 個からなる C_{60} はサッカーボールの形をしている．そのほか，炭素 70 個や 76 個からなるラグビーボールの形をしたフラーレンなどがある．

カーボンナノチューブ は，両端の閉じた長い円筒状の構造をしている（図 4・4d）．さらに，太いナノチューブの中に細いナノチューブが入れ子式に何層も重なったものなどもある．

> フラーレンやカーボンナノチューブは機械的，化学的，電子的にすぐれた性質をもち，活性酸素除去剤，有機半導体，有機太陽電池（10・5 節）などに利用されている．また，将来の開発を待つ宇宙エレベーターのケーブルとしても期待されている．

4・3　基本的な有機物質

有機物質（有機分子，有機化合物）は炭素原子がつながってできた骨格に水素原子をはじめとして，その他の原子が結合したものである．ここでは，まず分子量の小さな分子（低分子）について代表的なものを見てみよう．

飽和炭化水素

最も簡単な有機分子は炭素と水素だけからなる**炭化水素**である．そのうち単結合だけでできたものを**飽和炭化水素**（**アルカン**）という．n個の炭素からなるアルカンの分子式はC_nH_{2n+2}で表される．$n=4$までのアルカンの名称と構造式を表4・2にまとめた．ここで，分子を構成する各原子が並んだ順に線を結び合わせ，原子がどのように結合しているのかを示したものを**構造式**という．

炭化水素の名前（命名法）については p.36 のコラム参照．

表4・2 アルカンの名称および構造式

名 称	分子式	簡略化 ①	簡略化 ②	簡略化 ③
メタン	CH_4	H-C(H)(H)-H	CH_4	
エタン	C_2H_6	H-C(H)(H)-C(H)(H)-H	CH_3CH_3	
プロパン	C_3H_8	H-C(H)(H)-C(H)(H)-C(H)(H)-H	$CH_3CH_2CH_3$	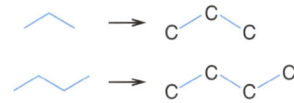
ブタン	C_4H_{10}	H-C(H)(H)-C(H)(H)-C(H)(H)-C(H)(H)-H	$CH_3(CH_2)_2CH_3$	

構造式の表し方には何種類かある．①では構成原子や結合をすべて書き表しているが，複雑な構造の場合はわかりにくくなるので，②や③の簡略化した表示が用いられることが多い．

共有結合には方向性があるため，有機分子はそれぞれ特有の形をしている．図4・5にはメタン，エタン，プロパンの構造を示した．メタンは中心にある炭素の4本の結合手にそれぞれ水素が結合しており，正四面体の

③では，直線の両端および屈曲部にはすべて炭素原子が存在し，各炭素には結合手（4本）を満たすだけの水素原子が結合しているという約束がある．

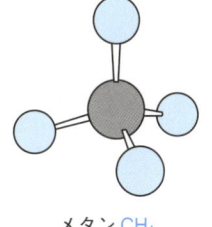　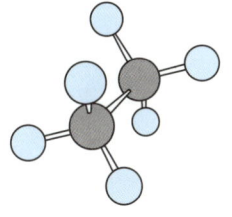　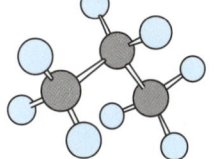

メタン CH_4　　炭素の4本の結合手　　エタン C_2H_6　　プロパン C_3H_8

図4・5 メタン，エタン，プロパンの構造

構造をもつ．プロパンの炭素骨格は折れ曲がっており，これは表 4・2 に示した構造式 ③ からもわかる．

不飽和化合物

有機分子のなかには二重結合や三重結合をもつ化合物もある．このような化合物を **不飽和化合物** という．表 4・3 に示したエテン（エチレン）のように二重結合を 1 個もつものを **アルケン** といい，分子式は C_nH_{2n} で表される．また，三重結合を 1 個もつものを **アルキン** といい，分子式は C_nH_{2n-2} で表される．図 4・6 にエテン（エチレン）の構造を示した．分子中の原子は同一平面上にある．また，アセチレンでは分子中の原子はすべて同一直線上に存在する．

また，ブタジエンのように単結合と二重結合が交互に並んだ構造をもつ化合物を **共役化合物** といい，孤立した二重結合をもつアルケンには見られない特有の性質をもっている．また，後述するベンゼンのような芳香族化合物も共役化合物である．

二重結合や三重結合を"不飽和結合"という．

共役化合物は導電性高分子や紫外線吸収剤などにも利用されている（10 章）．

ベンゼンを構成する炭素の手の数を正確に表すには⬡の表記がよい．しかし，ベンゼンの 6 箇所の炭素－炭素結合には，単結合，二重結合の区別なく，すべて等しいことが知られている．このことを表すには◎の表記がよい．

表 4・3 不飽和化合物および環状化合物

名　称	構　造　式		分　類
エテン（エチレン）	$H_2C=CH_2$		不飽和化合物（アルケン）
アセチレン	$HC≡CH$		不飽和化合物（アルキン）
ブタジエン	$H_2C=CH-CH=CH_2$	⌇	不飽和化合物（共役化合物）
シクロプロパン	$\begin{array}{c} CH_2 \\ H_2C-CH_2 \end{array}$	△	飽和化合物 環状化合物
ベンゼン	(ベンゼン構造式)	⬡ ◎	不飽和化合物 環状化合物 共役化合物 芳香族化合物

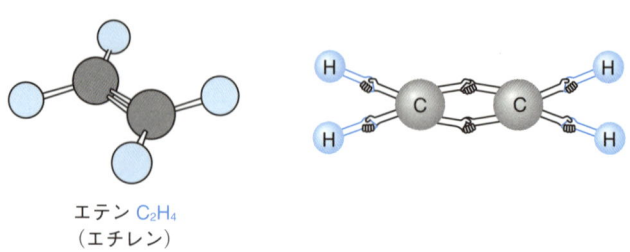

エテン C_2H_4
（エチレン）

図 4・6　エテン（エチレン）の構造

環状化合物

炭素原子が環状に結合した環状化合物も存在する。表4・3には、炭素数3のシクロプロパンを示した。また、環状化合物には二重結合や三重結合をもつものもある。

ベンゼンのように環状の共役化合物で、環内に$2n+1$（nは整数）個の二重結合をもつ化合物を特に**芳香族化合物**という。芳香族化合物は特有の性質をもち、一般に安定である。図4・7にはシクロプロパンとベンゼンの構造を示した。シクロプロパンは環の上下に水素原子が出ており、ベンゼンでは原子はすべて同一平面上にある。

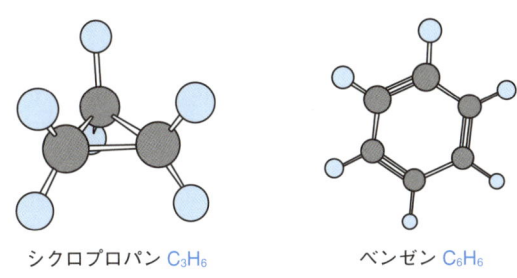

図4・7 シクロプロパンとベンゼンの構造

4・4 有機分子の性質を決めるもの

有機分子の一般的な構造を考えるうえで、人間に"顔"と"体"があるように、有機分子を基本骨格と置換基の二つに分けると便利である。人間の"体"が基本骨格、"顔"が置換基と考えればよい。人間では顔を付け替えることは無理であるが、有機分子では置換基を変えることができる。

図4・8に示すように、炭素5個からなる炭化水素であるペンタンの1個の水素がCH_3に置き換わったとしよう。このとき、分子の本体である直鎖状の部分を**基本骨格**、水素原子と置き換わった部分を**置換基**という。メチル基$-CH_3$のように、アルカンから水素原子1個を取除いた置換基を**アルキル基**という。そのほかに、エチル基$-CH_2CH_3$（$-C_2H_5$）やプロピル基$-CH_2CH_2CH_3$（$-C_3H_7$）などがある。また、芳香族化合物から導かれる置換基を**アリール基**という。たとえば、フェニル基$-C_6H_5$などがある。フェニル基はベン

有機分子の顔と体は取替えOK

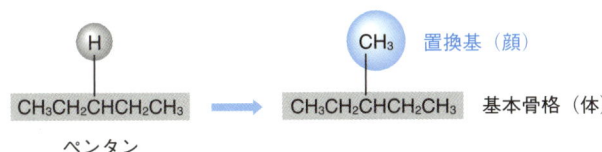

図4・8 基本骨格と置換基

ゼン由来の置換基である．しばしば，メチル基は−Me，エチル基は−Et，プロピル基は−Pr，フェニル基は−Ph と略記される．

赤ちゃんの名前をどうつけるかは，基本的に親の権利である．しかし，物質の名前は勝手に決めることができない．"国際純正および応用化学連合"（IUPAC）という組織によって決定されている．この命名法を **IUPAC 命名法**という．

炭化水素の命名法

有機分子にはそれぞれに名前がついており，名前はその構造を反映している．すなわち，構造が決まれば名前が決まり，名前がわかれば構造がわかる仕組みになっている．このような仕組みを**命名法**という．ここでは，炭化水素の命名法について簡単に見てみよう．

アルカン　アルカンの名前は数詞をもとに決められる．表1に示したように，炭素数を表す数詞の語尾に ne をつけるというものである．たとえば，炭素数5のアルカンは penta＋ne＝pentane であり，ペンタンとなる．ただし，炭素数1から4までのアルカンは，命名法が定まる前から慣用的な名前が広く使われていたので，これを正式名とすることにした．

表1　アルカンの命名法

炭素数	数詞	名前	分子式	炭素数	数詞	名前	分子式
1	mono モノ	methane メタン	CH_4	7	hepta ヘプタ	heptane ヘプタン	C_7H_{16}
2	di ジ	ethane エタン	C_2H_6	8	octa オクタ	octane オクタン	C_8H_{18}
3	tri トリ	propane プロパン	C_3H_8	9	nona ノナ	nonane ノナン	C_9H_{20}
4	tetra テトラ	butane ブタン	C_4H_{10}	10	deca デカ	decane デカン	$C_{10}H_{22}$
5	penta ペンタ	pentane ペンタン	C_5H_{12}	12	dodeca ドデカ	dodecane ドデカン	$C_{12}H_{26}$
6	hexa ヘキサ	hexane ヘキサン	C_6H_{14}	20	icosa イコサ	icosane イコサン	$C_{20}H_{42}$

アルケン　同じ炭素数からなるアルカンの名前の語尾の ane を ene（エン）に変えればよい．たとえば，炭素数2のアルケンの名前は，ethane（エタン）⇒ ethene（エテン）となる．エテンは慣用的にエチレンという名前でよばれることも多い．

アルキン　同じ炭素数からなるアルカンの名前の語尾の ane を yne（イン）に変えればよい．たとえば，炭素数2個のアルキンの名前は ethyne（エチン）となる．ただし，エチンよりもアセチレンのほうが一般的な名称となっている．

環状化合物　環状炭化水素の名前は，同じ炭素数の炭化水素の名称の前にシクロ（環状の意味）をつけて表す．たとえば，炭素数3の環状アルカンはシクロプロパンとなり，環状アルケンはシクロプロペンとなる．

官能基

置換基のうちで，有機分子の性質に大きな影響を与えるものを，特に**官能基**という．おもな官能基を表4・4まとめた．それぞれの官能基には固有の名称があり，その官能基を含む有機分子にも一般的な名前がついている．たとえば，−OHはヒドロキシ基といい，これをもつ有機分子は一般にアルコールとよばれる．アルコールは基本骨格（炭化水素部分）を記号Rで表すと，一般式R−OHで表される．典型的な例は酒の主成分であるエタノールであり，CH_3CH_2-OH（C_2H_5OH）で表される．そのほか，アルコールにはメタノール CH_3OH やフェノール C_6H_5OH などがある．さらには2個以上の−OHをもつアルコールも存在する．

表4・4 おもな官能基

官能基	名称	一般式	一般名	例	
−OH	ヒドロキシ基	R−OH	アルコール	CH_3CH_2-OH	エタノール
$\underset{/}{\overset{\backslash}{C}}=O$	カルボニル基	$\underset{R}{\overset{R}{\backslash}}C=O$	ケトン	$\underset{CH_3}{\overset{CH_3}{\backslash}}C=O$	アセトン
$-\overset{O}{\underset{H}{C}}$	ホルミル基	$R-\overset{O}{\underset{H}{C}}$	アルデヒド	$H-\overset{O}{\underset{H}{C}}$	ホルムアルデヒド
$-\overset{O}{\underset{OH}{C}}$	カルボキシ基	$R-\overset{O}{\underset{OH}{C}}$	カルボン酸	$CH_3-\overset{O}{\underset{OH}{C}}$	酢酸
$-NH_2$	アミノ基	$R-NH_2$	アミン	◯$-NH_2$	アニリン
$-NO_2$	ニトロ基	$R-NO_2$	ニトロ化合物	◯$-NO_2$	ニトロベンゼン
$-CN$	シアノ基	$R-CN$	ニトリル化合物	◯$-CN$	ベンゾニトリル

Rは基本骨格を表す．

官能基っていろいろあるのね！

つぎに，官能基を変えると有機分子の性質がどのように変わるかを具体的に見てみよう．酒はエタノールの水溶液であり，エタノールを飲むと下記の反応に従って，体内で酵素によってホルミル基をもつアセトアルデヒドに変化し，さらにアセトアルデヒドはカルボキシ基をもつ酢酸に変化し，最終的に二酸化炭素と水になる．

酵素については7・4節で述べる．
食酢の中には3％ほどの酢酸が含まれている．

$$CH_3-CH_2-OH \longrightarrow CH_3-\overset{O}{\underset{H}{C}} \longrightarrow CH_3-\overset{O}{\underset{O-H}{C}} \longrightarrow CO_2 + H_2O$$

エタノール　　　アセトアルデヒド　　　酢酸
（酒）　　　　　（二日酔いの素）　　　（酢）

以上のように，官能基が変わるとまったく別の性質をもつ物質になる．

異性体

分子式は同じで構造の異なる化合物を互いに**異性体**という．多数の原子からなる有機分子では膨大な数の異性体が存在することになり，これが種類の多いことの理由である．

図1に示すように，C_4H_{10} には2種類，C_5H_{12} には3種類の異性体が存在する．このような異性体は炭素数の増加とともに飛躍的に増大する．炭素数が30の場合は，なんと40億を超える！

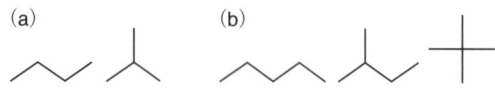

図1 アルカン C_4H_{10} の異性体（a）および C_5H_{12} の異性体（b）

つぎに，C_4H_8 の異性体を考えてみよう．この分子は二重結合をもったアルケン，あるいは環状になったシクロアルカンである．図2には二重結合の位置が違う3種類のアルケンと環をつくる炭素数の異なる2種類の異性体を示している．果たして，異性体の数はこれらの5種類で正解だろうか？

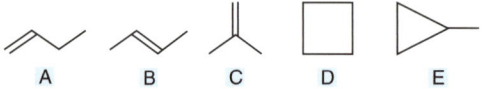

図2 分子式 C_4H_8 をもつアルケン，シクロアルカンの異性体

実は見落としがあって，もう1種類の異性体が存在する．Bについて見てみよう．Bでは，二重結合についた2個の CH_3 が二重結合の反対側に結合している．ところが，二重結合は回転できないため，図3に示したように，CH_3 が二重結合の同じ側にある分子Fとは異なるものになる．Bのように二重結合の反対側に置換基があるものを**トランス形**，Fのように同じ側に置換基があるものを**シス形**といい，このような異性体を**シス-トランス異性体**という．

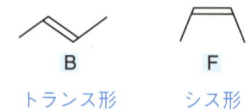

図3 分子式 C_4H_8 をもつアルケンのシス-トランス異性体

以上のことから，C_4H_8 の異性体は全部で6種類あることがわかる．

4・5 身のまわりの高分子

身のまわりにある物質のうちでも，"高分子"は毎日の生活に密接に関わっている．**高分子**とは，ある特定の小さな分子（低分子）が基本単位となって繰返し結合してできた物質である．これは，長い列車が何台もの貨車がつながって，あるいは長い鎖がいくつもの輪がつながってできたようなものである．

"高分子"はポリマーともいう．一方，その原料となる小さな分子（基本単位）を**モノマー**という．「ポリ」は多くの，「モノ」は一つという意味であり，「マー」は部分という意味をもつ．

モノマーウサギ

ポリマーウサギ

高分子の分類

高分子を大きく分けると，表4・5に示したように，もともと自然界に存在する**天然高分子**と，私たちの手で人工的につくられた**合成高分子**がある．

"天然高分子"は食べ物などの素材であり，生命において重要な役割を果たしている．一方，"合成高分子"には合成繊維，合成ゴム，プラスチックなど，さまざまな機能をもつ高分子がある．

表4・5 高分子の種類

天然高分子
タンパク質，糖質（デンプン，セルロース），核酸（DNA, RNA），天然ゴムなど
合成高分子
合成繊維，合成ゴム，プラスチックなど

高分子の基本的な姿

最も基本的な合成高分子であるポリエチレンを例にとって，高分子がどのようなものであるかを見てみよう．図4・9に示したように，**ポリエチレン**は分子量28の低分子であるエテン（エチレン）が多数結合してできた，長い鎖状の構造をしている．ここで，「ポリ」は多くのという意味をもつ．一般には，分子量が1万以上のものを"高分子"とよんでいる．

ポリエチレンは食べ物を入れる袋や容器，包装用フィルムなどとして広く利用されている．

分子量28万のポリエチレンは，分子量28のエチレンが1万個結合してできている．

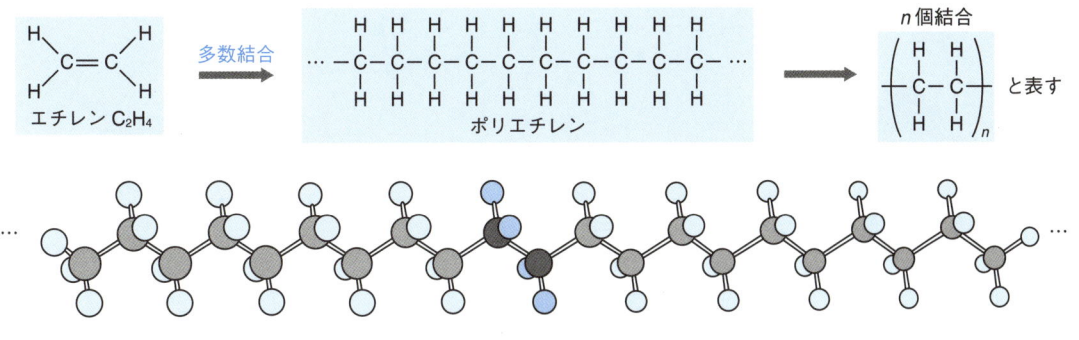

図4・9 ポリエチレンの構造 ●炭素，○水素

キッチンで見かける高分子

構成単位である低分子が異なれば，違った種類の高分子ができあがる．家庭のなかでもキッチンは，高分子の宝庫である．そこで，ポリエチレンを出発として，どのような高分子があるかを見てみよう（図4・10）．ポリエチレンの水素原子をその他の原子や原子団に置き換えると，まったく異なった種類の高分子になる．

まず，ポリエチレンの水素の代わりに，塩素やフッ素が結合したものを見てみよう．ポリテトラフルオロエチレン（テフロン）は熱に強いために，フライパンなどの表面をコートする材料などに使われている．ポリ塩化ビニルは水道管などのパイプや電源コードの被覆材，ポリ塩化ビニリデンはラップなどの包装材に利用される．

また，水素原子を大きな原子団に置き換えた高分子もある．ポリプロピレンは小型容器や包装フィルムなどに，ポリスチレンは皿（トレー）やカップめんの容器などに，ポリアクリロニトリルは繊維の原料などに利用

図4・10中のポリ酢酸ビニルやポリビニルアルコールは接着性がある．ポリ酢酸ビニルは木工用ボンドやチューインガムの素材，ポリビニルアルコールは洗濯のりや切手の裏のりに使われている．

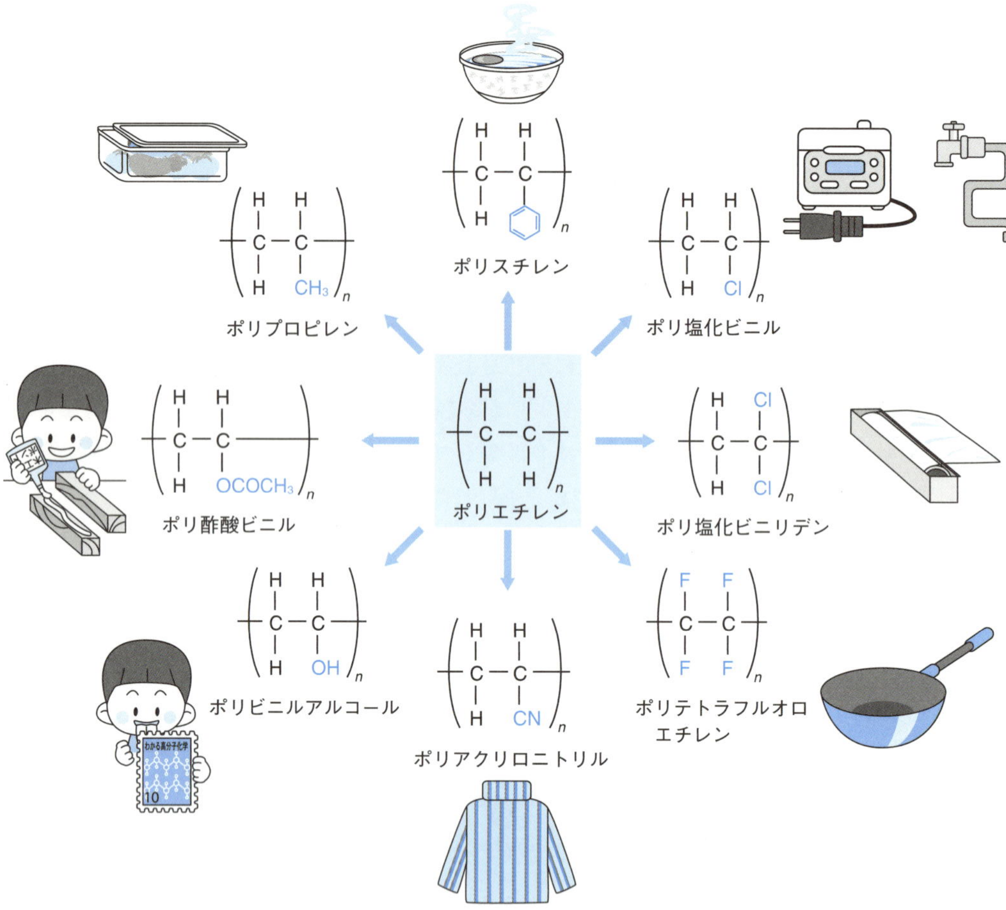

図 4・10　キッチンで見かける基本的な高分子

されている．

衣服になる高分子

　繊維は，太さに比べて十分な長さをもったわみやすい素材である．ここでは代表的な合成繊維について紹介しよう．衣服やペットボトルの素材であるポリエチレンテレフタラートや世界初の合成繊維であるナイロンなどがある．これらは2種類の低分子がもとになってできている．
　ポリエチレンテレフタラートは，テレフタル酸というカルボン酸とエチレングリコールというアルコールから水がとれて"エステル化"してできたものである（図4・11）．このような高分子を**ポリエステル**という．
　ナイロンは，アジピン酸というカルボン酸とヘキサメチレンジアミンというアミンから水がとれて"アミド化"してできたものである．このようなアミド結合をもつ高分子を**ポリアミド**という（図4・12a）．

ナイロンは「クモの糸よりも細く，鋼鉄よりも強い」というキャッチフレーズとともに登場した．

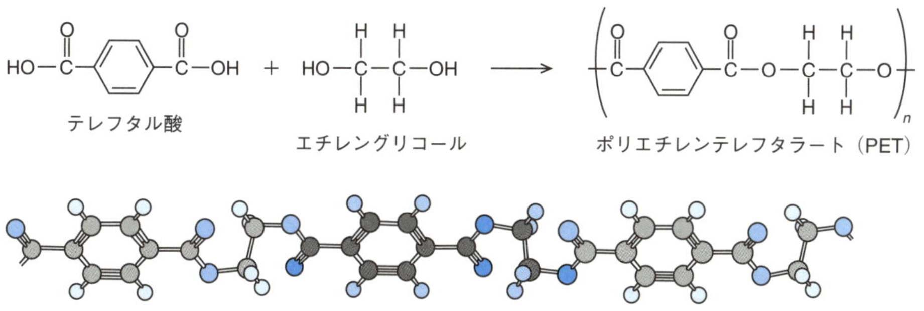

4・5 身のまわりの高分子

図4・11 ポリエチレンテレフタラート ●炭素, ○水素, ●酸素

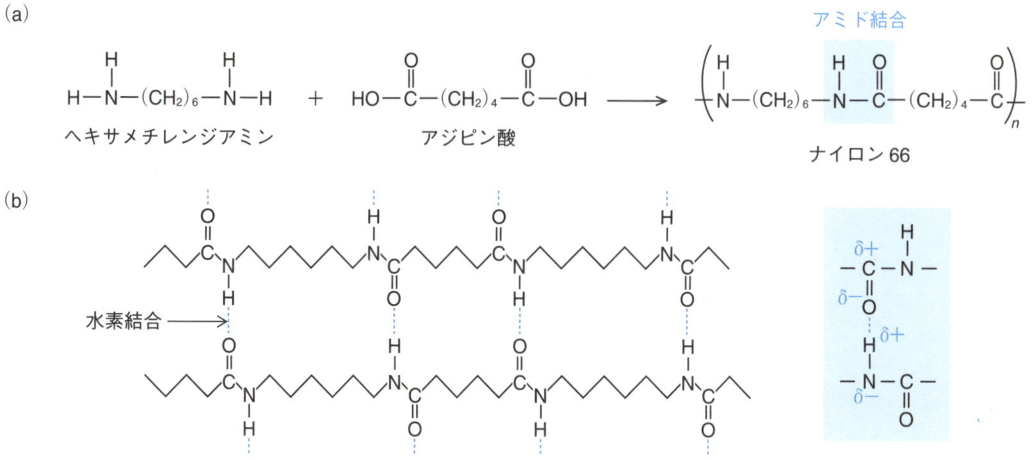

(a) ヘキサメチレンジアミン + アジピン酸 → ナイロン66（アミド結合）

(b) 図4・12 ナイロン66および分子鎖どうしの水素結合

ナイロンは高い強度や耐久性をもつが，これは分子鎖どうしが水素結合で結ばれているためである．図4・12(b) に示したように，ナイロンのアミド結合の部分には電荷の偏りが生じており，C=O と H−N の間に水素結合が形成される．

水素結合については 3・6 節参照．

天 然 高 分 子

ここでは，天然高分子のうちで，ご飯やパンなどのもとになる"糖質"について見てみよう．**糖質**はおもに炭素，水素，酸素からなり，**炭水化物**ともいわれ，一般に $C_m(H_2O)_n$ で表される．最も簡単な糖質として**単糖類**があり，これらが多数結合することで**多糖類**という高分子がつくられる．

単糖類の代表的なものとして，グルコース（ブドウ糖）やフルクトース（果糖）などがある．グルコースは6個の炭素からなる六炭糖であり，炭素5個と酸素1個からなる六角形の環状構造をもつ．図4・13(a) において色で示したヒドロキシ基−OH の環に対する向きによって，2種類に分け

その他の天然高分子（タンパク質や核酸）については7章でふれることにする．

られる．また，フルクトースは水溶液中ではグルコースと同様の六角形の環状構造，あるいは図に示したように炭素4個と酸素1個からなる五角形の環状構造をとっている．

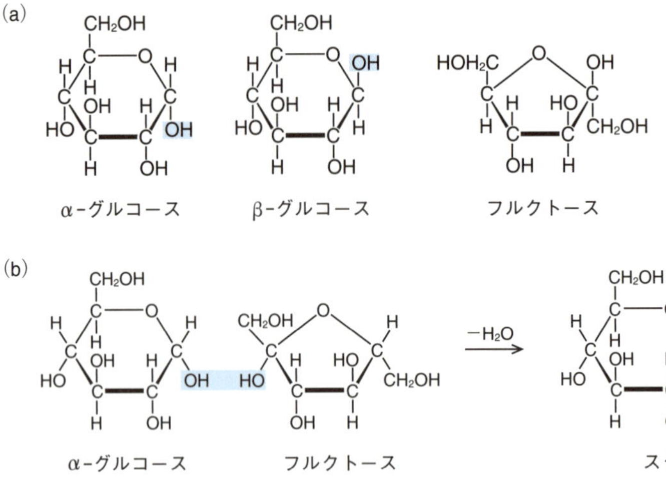

(a) α-グルコース　β-グルコース　フルクトース

(b) α-グルコース　フルクトース　$-H_2O$　スクロース（ショ糖）

図4・13　単糖類と二糖類　(a) グルコースとフルクトース，(b) スクロース（ショ糖）

　グルコースとフルクトースから水がとれて結合してできたスクロース（ショ糖）は，砂糖の主成分である．スクロースは2分子の単糖類からできているので，**二糖類**とよばれる（図4・13b）．

　"多糖類"の代表的な例としては，デンプンやセルロースなどがある．ご飯やパンなどの主成分である**デンプン**はα-グルコースからできている（図4・14a）．デンプンは構造の違いにより，1本の直鎖状になったアミロースと，枝分かれになったアミロペクチンの二つに分けられる．一方，綿などの天然繊維や紙などの素材である**セルロース**はβ-グルコースから水がとれてできたものである（図4・14b）．

<small>ヒトはデンプンを分解できても，セルロースを分解することはできない．</small>

4・6　分子の集合体

　水の上に油をたらすと油は水面に広がって，虹のように輝く．このとき，油の分子は水面に薄く広がり，膜をつくった状態となっている．このように，分子は水面（界面）や水中で集合体を形成することがある．

両親媒性分子

<small>両親媒の"媒"は溶媒（水や油），"親"は親しむという意味である．</small>

　水にも油にもなじむ分子を**両親媒性分子**という（図4・15）．セッケンや洗剤などの主成分であり，**界面活性剤**ともよばれる．両親媒性分子はイオンからできた部分と長い炭化水素からできた部分をもつ．「似たものは

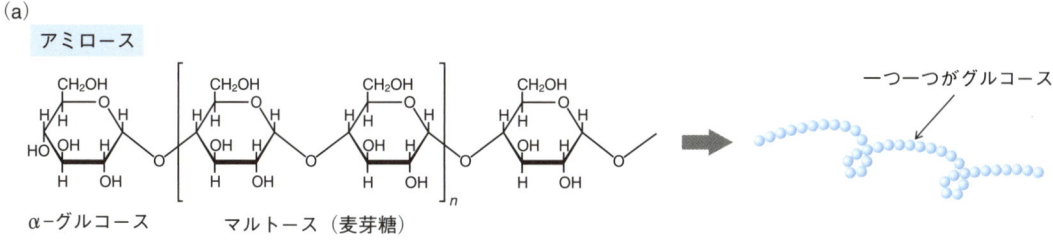

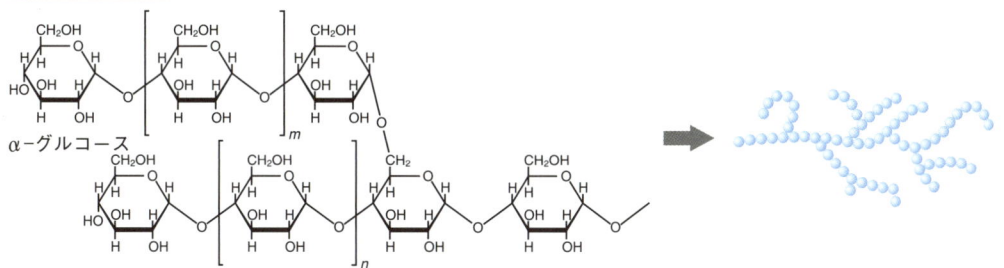

図 4・14 多糖類 (a) デンプン，(b) セルロース

似たものに溶ける」ため，イオンの部分は水に溶ける親水性となり，長い炭化水素の部分は油に溶ける親油性（疎水性）となる．

イオン性の物質の溶解については，6・2 節で述べる．

油は長い炭化水素の部分をもつ．油（脂質）の構造については 7・6 節で述べる．

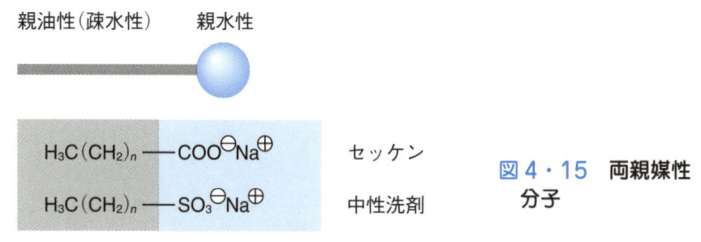

図 4・15 両親媒性分子

水槽の水に両親媒性分子を溶かすと，親水性の部分が水に入り，疎水性の部分は空気中に残る．その結果，両親媒性分子は親水性部分を下にして，まるで逆立ちでもしたように水面に存在する．さらに濃度を高くすると，両親媒性分子が水面にすき間なく並び，膜をつくる（図 4・16a）．これを

44　　4. 身のまわりの物質を見てみよう

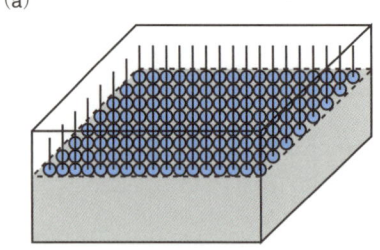
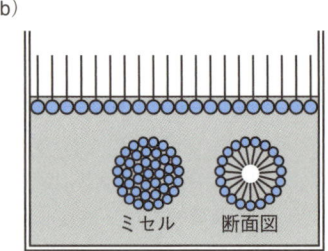

図 4・16　単分子膜（a）およびミセル（b）

　分子膜といい，特に上記のように一層からなるものを**単分子膜**という．また，単分子膜が二層に重なってできたものを**二分子膜**という．シャボン玉（コラム参照）や細胞膜（7・2節）は二分子膜でできている．
　分子膜の水槽に，さらに両親媒性分子を加えていくと，居場所がなくなって水面に並ぶことのできなくなった分子は水中に散らばり，ある濃度に達すると，疎水性部分を内側に，親水性部分を外側に向けた球状の集合体を形成する．これを**ミセル**という（図 4・16b）．ミセルは水中で絶えず固まった状態で存在しているわけではなく，分子が集まったり離れたりしながら，平均としてこのような構造をとっている．

洗たくではミセルを利用して，汚れを落とす（10・2節）．

シャボン玉

　シャボン玉は二分子膜が球状になったものである（図1）．シャボン玉では2枚の単分子膜の親水性部分が接するようにして重なっており，二つの親水性部分にはさまれた領域に水が含まれている．太陽光は膜の外側と内側で反射され，両方の反射光が干渉して虹色が現れる．シャボン玉の膜の厚さは 0.002 mm 程度であり，水が蒸発して膜が薄くなっていくと，たゆとい続けていたシャボン玉は最後に壊れて消えてしまう．

図1　シャボン玉

液　晶

　ある特別な有機分子は集まって，液体と結晶の中間のような**液晶**という状態をとることがある．結晶中では分子の位置と向き（配向）に規則性があり，液体では規則性がない．一方，液晶では分子の向きには規則性があり，位置には規則性がない．

　このような液晶の状態は，固体や液体と同様にある一定の温度範囲で見られる．図4・17に示すように，液晶になる分子も低温では結晶であり，温度を高くしていくと融点で融けて流動性が現れる．しかし，牛乳のように濁っていて透明ではない．この状態が"液晶"の状態である．さらに，温度を高くすると透明点で透明になり，液体になる．このように，液晶は分子の融点と透明点の間の温度で示す特別な状態をさしている．

液晶はテレビやパソコンなどのディスプレイに利用されている．

液晶分子の向きは，小川で泳ぐメダカに例えることができる．メダカは流されないように，みんなが上流の方向を向くが，位置は勝手に動いて餌をとることができる．

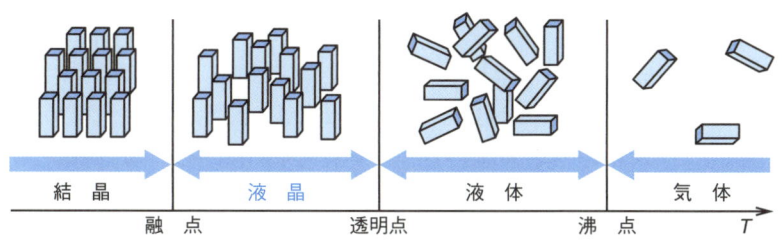

図 4・17　分子の集合状態　液晶の状態はある一定の温度範囲で見られる

　液晶になる分子は特徴のある構造をもつ．図4・18に示すように，棒状の長い分子で，その一部にベンゼン環のような折れ曲がりにくい構造をもつ．また，平らで固い円盤状の分子や生物中に存在するコレステロール（図7・21）なども液晶分子となる．

図 4・18　液晶になる分子の例　R はアルキル基など

章末問題

4・1　つぎの物質のうち混合物であるものはどれか．a) 空気，b) 食塩，c) 食塩水，d) 水

4・2　金属のおもな特徴を三つあげよ．

4・3　温度を上げると金属の電気伝導性は低くなる．その理由を答えよ．

4・4 結晶と非晶質固体の違いについて述べよ．ガラスはどちらになるか．

4・5 炭素の同素体の名前を四つあげよ．

4・6 炭素2個からなるアルカン，アルケン，アルキンの名前をいえ．また，それぞれの構造式を書け．

4・7 以下の有機分子の基本骨格と置換基の部分をそれぞれ ○ で囲んで示せ．また，置換基の名前をいえ．

$$\text{CH}_3\text{CH}_2\overset{\overset{\displaystyle \text{CH}_3}{|}}{\text{CH}}\text{CH}_2\text{CH}_3$$

4・8 つぎの官能基の名前をいえ．また，それぞれの官能基をもつ有機化合物の名前を一つあげ，その構造式を書け．a) $-\text{COOH}$, b) $-\text{NO}_2$, c) $-\text{CN}$

4・9 つぎの物質や製品のうち，高分子からなるものをすべて選べ．

食塩，砂糖，綿，コンタクトレンズ，寒天，磁石，ペットボトル，紙，発泡スチロール，豚肉，氷，絹，レジ袋，接着剤，鉛筆の芯，シャボン玉，硬貨

4・10 つぎの糖質のうち，単糖類，二糖類，多糖類に該当するものはどれか．a) デンプン, b) フルクトース, c) スクロース（ショ糖）, d) セルロース, e) グルコース, f) マルトース（麦芽糖）

4・11 両親媒性分子とは何か．例をあげて説明せよ．

4・12 液晶状態における分子の向きと位置の規則性について述べよ．

5 物質の変化を見てみよう

　化学の目的の一つは，物質の変化を探ることである．物質の変化には大きく分けると二通りある．物質は温度や圧力によって，固体，液体，気体というように"三つの状態"に変化する．このような変化では物質を構成する原子や分子自体に変化は起こらない．一方で，原子の結合の組換えにより，まったく新しい物質が生成する変化がある．このような変化あるいはその過程を**化学反応**という．ここでは，物質の状態変化および化学反応に関する基礎的事項について見てみよう．

5・1 水の状態変化

　水には三つの異なった姿がある．氷（固体，結晶），水（液体），水蒸気（気体）である（図5・1）．これら三つの状態をあわせて**物質の三態**ともいう．物質の三態は，原子や分子の集合状態によっている．

> この三つの状態をそれぞれ固相，液相，気相ともいう．

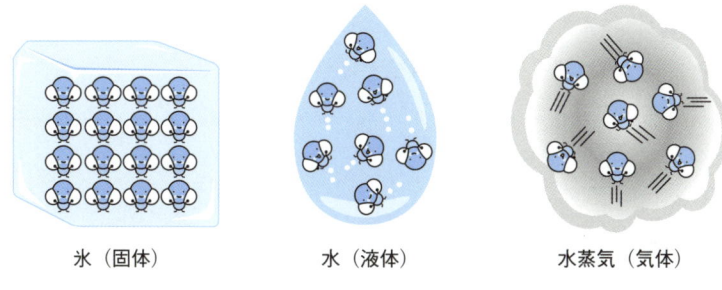

氷（固体）　　　水（液体）　　　水蒸気（気体）

図5・1 水の三つの状態　液体の水は加熱すると気体の水蒸気になり，冷やすと氷になる

固体：原子や分子が三次元的に規則的に並んでおり，物質として一定の形をもつ．

液体：固体における規則性は失われ，原子や分子どうしの距離は固体のときとそれほど変わらないが，自由に位置を交換できるので流動性が現れる．

気体：原子や分子が激しくばらばらに動き回り，その間隔は非常に大きくなっている．

物質の三態と温度，圧力の関係を示したものを**状態図**という．図5・2は水の状態図であり，3本の線に仕切られた三つの領域が見られる．領域Ⅰでは氷（固相），領域Ⅱでは水（液相），領域Ⅲでは水蒸気（気相）になっている．また，領域を分ける線上では，線をはさむ二つの状態で共存する．

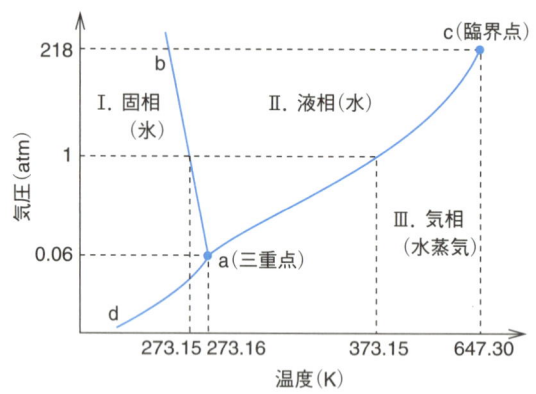

図5・2　水の状態図

- **線分 ac 上**：液体の水と水蒸気が共存し，これは"沸騰"の状態を表す．図からわかるように，1気圧で沸騰するのは 373.15 K（100 ℃）であるが，これは水の1気圧での沸点にあたる．気圧を下げていくと，沸点も低くなる．
- **線分 ab 上**：液体の水と氷が共存し，融点を表す．
- **線分 ad 上**：水蒸気と氷が共存し，氷から直接，水蒸気になる変化に相当する．このような変化を**昇華**という．

また，三つの線分が交わる点 a は三つの状態が共存する点であり，**三重点**という．

線分 ac は点 c で終わっているが，この点を**臨界点**という．臨界点を超えると液体と気体の区別がつかなくなる．このような状態を"超臨界状態"という．

高山でご飯を炊いても美味しくないのは，気圧が低く，水が沸騰する温度が低くて，コメが十分に柔らかくならないためである．

5・2　気体の性質を見てみよう
気体分子の挙動と温度，圧力

ここでは，気体の挙動が温度や圧力によってどのように変化するのか見てみよう．図5・3には，ピストンに気体を入れた様子を示している．中央の図(b)が出発状態であり，ハンドルを圧力 P で押し，ピストン内の温度（絶対温度）は T，ピストンの高さは h となっている．

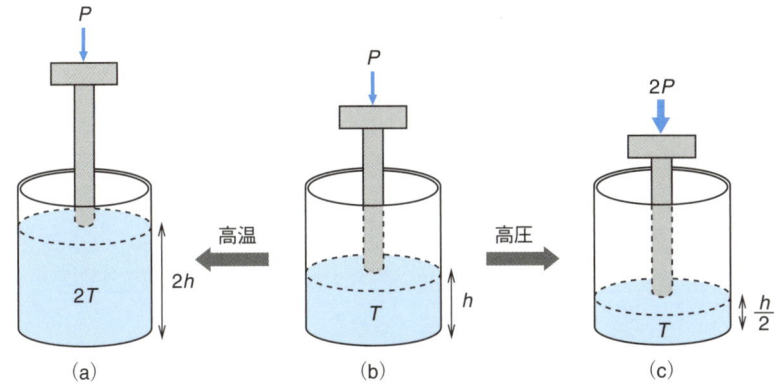

図5・3 温度と圧力によるピストン中の気体の変化

図(c)のように,温度Tを一定に保ったまま圧力を2倍の$2P$にする.すると,ピストン内の気体の体積は半分になり,高さは$h/2$となる.

図(a)のように,ピストンを押す力をPに保ったまま,ピストン内の温度を2倍の$2T$とする.すると,ピストン内の気体の体積は2倍になり,その結果,ピストンの高さは2倍の$2h$となる.

このように,気体の体積は圧力に反比例し,絶対温度に比例する.

理想気体の状態方程式

ここでは話を簡単にするため,気体分子が完全な球形でありながら体積をもたず,他の分子との間に力が働かない**理想気体**をもとに,上記の関係について考えてみよう.理想気体の体積と圧力の間には,(5・1)式の関係が成り立つことが知られている.この式を**理想気体の状態方程式**という.

$$PV = nRT \qquad (5・1)$$

ここで,Pは圧力,Vは気体の体積,nは気体のモル数である.Rは気体定数といい,気体の種類に関係なく一定の値($8.314\,\mathrm{J\,K^{-1}\,mol^{-1}}$)である.この状態方程式は,図5・4に示すように,

(a) 圧力Pが一定なら,気体の体積Vは温度Tに比例する

(b) 温度Tが一定なら,気体の体積Vは圧力Pに反比例する

という関係を示している.

実 在 気 体

状態方程式(5・1)を変形すると,(5・2)式になる.すなわち,圧力と体積の積PVをnRTで割れば,値は常に1である.

$$\frac{PV}{nRT} = 1 \qquad (5・2)$$

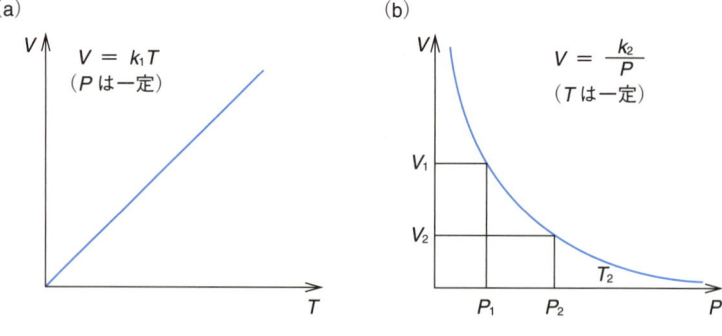

図 5・4 理想気体の状態方程式 (a) 体積と温度, (b) 体積と圧力の関係

図 5・5 は実際の気体でこの値を測定したものであり, 理想気体の値からはかなり外れていることがわかる. このような気体を**実在気体**という. 実在気体には体積もあり分子間力も働いているので, 理想気体の状態方程式に, 各気体に特有の修正項を加えた, 実在気体の状態方程式が適用される.

実在気体に適用できる状態方程式は下式のようになる.

$$\left(P + \frac{n^2 a}{V^2}\right)(V - nb) = nRT$$

この式を発見者の名前をとって**ファンデルワールスの状態方程式**ともいう. 二つのパラメーター a, b はそれぞれ, 分子間力, 分子の体積に関係した補正項であり, 実験によって求められる.

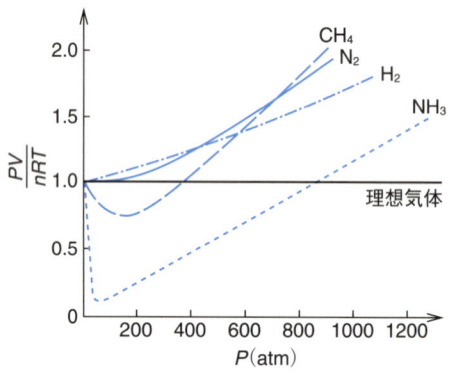

図 5・5 実在気体における PV/nRT の圧力依存性

5・3 化学反応の表し方

ライターのガスの主成分であるブタン C_4H_{10} を酸素と反応させる (**燃焼**という) と, 炎を上げて (熱と光を発生させて), 二酸化炭素と水を生成する. このような化学反応を表す式のことを**化学反応式**という. ここでは, 下記のような単純な例をもとに見てみよう.

$$A + B \longrightarrow C \qquad (5 \cdot 3)$$

ここで, 矢印 ($\longrightarrow$) は反応が右の方向に進行したことを示す. つまり, (5・3)式では, 物質 A と物質 B が反応して新たな物質 C が生成したことを示す. ここで, 化学反応式の左側にある物質を**反応物**, 右側にある物質を**生成物**という.

たとえば, 水素と酸素が反応して水が生成する場合は,

$$2H_2 + O_2 \longrightarrow 2H_2O \qquad (5\cdot 4)$$

と表せる．各物質の前についた係数はその個数あるいはモル数を表している．ただし，係数1は省略する．この化学反応式では，2個（2 mol）の水素分子と1個（1 mol）の酸素分子が反応して2個（2 mol）の水分子が生成したことを示している．

　化学反応式において重要なのは，「化学反応の前後で物質を構成する原子の種類と数は変わらない」ことである．(5・4)式を見ると，化学反応式の左側と右側では，原子の種類と数が同じであることがわかる．

化学反応式では，化学式の後に（　）をつけて，各物質の状態を示す場合がある．(s) は固体，(l) は液体，(g) は気体を表す．(5・4)式を例にとると，
$$2H_2(g) + O_2(g) \longrightarrow 2H_2O(l)$$
となる．

化学反応式をつり合わせる

　化学反応式において，反応物と生成物の原子の数が等しいことを"つり合いがとれている"という．ここでは，先に述べたライターのブタンガスの燃焼を例に化学反応式をつり合わせてみよう．

① 係数を1と仮定して，反応式を書き出してみる．
$$C_4H_{10} + O_2 \longrightarrow CO_2 + H_2O$$

② CとHを含む分子は両辺に1種類しかないので，C_4H_{10} をもとにCとHの係数を合わせると，
$$C_4H_{10} + O_2 \longrightarrow 4CO_2 + 5H_2O$$

③ Oは右側に13個あるので，左側の係数を合わせると，
$$C_4H_{10} + \frac{13}{2}O_2 \longrightarrow 4CO_2 + 5H_2O$$

④ 係数をすべて整数にする場合には，2を掛ける．
$$2C_4H_{10} + 13O_2 \longrightarrow 8CO_2 + 10H_2O$$

このように，化学反応式のつり合わせには少しだけ慣れが必要となる．

化学反応式では左辺と右辺がつり合っていることが基本であるが，例外もある．特に「有機化学」の分野ではよく見られる．たとえば，トルエンと酸化剤（6・6節）である $KMnO_4$ との反応は，以下のように書かれる．

CH₃–(ベンゼン環) →（$KMnO_4$）→ COOH–(ベンゼン環)

上記の化学反応式ではつり合いがとれていないが，決して間違いではないことを覚えておこう．

5・4 化学反応とエネルギー

　化学反応では熱や光を発生したり吸収したりすることがある．熱も光もエネルギーであり，この現象は化学反応によってぞれぞれの物質がもつエネルギーが変化したことにもとづいている．

化学反応における熱の出入り

　まず，化学反応における熱の発生と吸収について見てみよう．化学反応において熱を発生する反応を**発熱反応**といい，熱を吸収する反応を**吸熱反応**という．このような熱をともなう化学反応の書き方として，以下のような**熱化学方程式**がある．

発熱反応　　$2H_2(g) + O_2(g) = 2H_2O(l) + 483.6\,kJ$

吸熱反応　　$2H_2O(l) = 2H_2(g) + O_2(g) - 483.6\,kJ$

ここでは，反応にともなって発生あるいは吸収する熱量，すなわち**反応熱**を右辺に示している．反応熱の符号は，発熱のときがプラス，吸熱のときがマイナスになる．また，反応にともなって変化するものすべてが書かれているので，両辺をイコールで結んでいる．

一方，以下のように書き表すこともある．

発熱反応　$2H_2(g) + O_2(g) \longrightarrow 2H_2O(l)$　　$\Delta H = -483.6$ kJ

吸熱反応　$2H_2O(l) \longrightarrow 2H_2(g) + O_2(g)$　　$\Delta H = +483.6$ kJ

ここでは，化学反応式に**反応エンタルピーの変化**（ΔH）を添えて書き表している．反応エンタルピーは"一定圧力"において出入りする熱を示す．ここで注意が必要なのは，ΔH の符号は，発熱のときがマイナス，吸熱のときがプラスになっており，熱化学方程式の反応熱とは逆になっていることである．

> "エンタルピー"という言葉は聞きなれないが，「暖かさ」や「熱」の意味をもつギリシャ語に由来する．発熱反応では反応系が外界に熱を放出し，系のエンタルピーが減るため，ΔH は負の値になる．一方，吸熱反応ではその逆になる．

反応にはエネルギーが必要である

炭を燃やすと熱くなる．しかし，空気中におかれた炭はひとりでに燃えることはない．炭を燃やすにはマッチやライターの火を使って熱する必要がある．なぜ，炭を燃やすのに，熱を加えなければならないのだろう？

図 5・6 は炭（炭素）と酸素が反応して二酸化炭素になる反応におけるエネルギーの関係を示している．多くの反応は一般にエネルギーの高い状態から低い状態に変化する．しかし，川の水が上流から下流に向かって自然に流れるように，炭が自発的に燃えて二酸化炭素になることはない．これは，図からわかるように反応系よりもいったんエネルギー E が高くなっており，反応が進行するにはこの"山"を越える必要があるためである．ここで，最もエネルギーの高い状態（山の頂点）を**遷移状態**といい，この遷移状態を越えるために必要なエネルギー E_a を**活性化エネルギー**という．

> 化学反応において反応物が安定な生成物に変化するためには，結合が壊されて，一時的に別のものになる必要がある．この結合の組換えによる変化は過渡的で不安定な状態なので，エネルギーが高くなる．これが"遷移状態"に相当する．

> 活性化エネルギーは，岸に止まっているカヌーを岸から川へ押し出すための力に相当する．

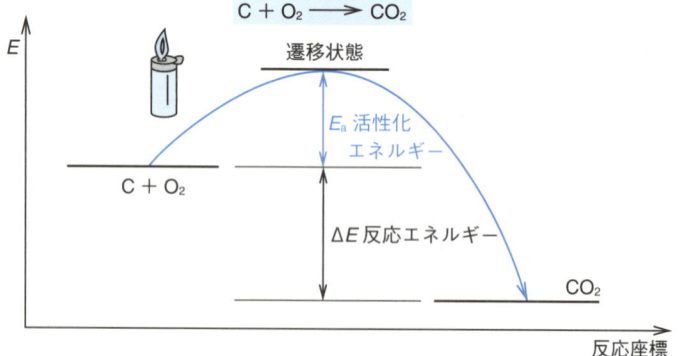

図 5・6　活性化エネルギー　反応が起こるには活性化エネルギーの"山"を越える必要がある

炭を燃やすのにマッチやライターで火を着けるのは，系の温度を上げて，活性化エネルギー以上のエネルギーをもっている分子の割合を増加させるためである．一度，反応が進行すれば，2回目からの活性化エネルギーは反応による発熱（反応エネルギー）によってまかなわれる．

このように，活性化エネルギーは反応が進行する際のエネルギー障壁（高いエネルギーの山）に関係しており，活性化エネルギーの高い反応は起こりにくいことになる．

反応物がエネルギーの"山"を越えると生成物になる．しかしながら，"山"を越えられずにもとの反応物に戻ってしまうものもある．

なぜ，ロウソクは燃え続けるのか

誕生日やクリスマスのケーキに立てられたロウソクの炎は私たちを暖かく包み，そして燃え続ける．ロウソクの原料である"ろう（蝋）"は炭素，水素，酸素からなるステアリン酸（脂肪酸の一種，7・6節）という分子などでできている．ロウソクの芯に火を着けると，炎に近い"ろう"は溶けて液体となり，芯の先まで上がっていく．そして，炎の熱によって"ろう"分子の運動が激しくなって気体となり，さらに分解して水素と炭素が燃焼して酸素と結合し，二酸化炭素と水蒸気となる．このとき，エネルギーが光と熱となって放出される．

このように，ロウソクは"ろう"が溶けて液体となり，芯の先まで上がっていくことを繰返すことで，絶えず"ろう"が供給されて，燃え続けることができる．

液体の"ろう"が芯を上がっていくのは毛細管現象による．細い管を水に入れるとその中を上昇するのと同じ現象である．

5・5 化学反応の速さ

化学反応には花火のように瞬時に完結する速い反応と鉄のくぎがさびるようにゆっくりと進む遅い反応がある．速い反応では反応物が速くなくなり，遅い反応ではいつまでも反応物が残っている．このような反応の速さを決めているものは何だろう？

化学反応の速さの表し方

ここでは，基本的な反応をもとに，その速さの表し方について見てみよう．(5・5)式は，物質Aが変化して物質Bになる反応を示している．

$$A \longrightarrow B \qquad (5 \cdot 5)$$

速い反応

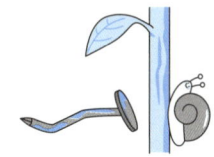

遅い反応

図 5・7 には，(5・5)式における反応物 A と生成物 B の濃度の時間変化を示した．[A]，[B] はそれぞれ A，B の濃度を表す．縦軸は濃度であり，横軸は時間であるが，反応の進行の程度を表すので**反応座標**という．また，反応が始まる前の反応物 A の濃度を"初濃度"といい，$[A]_0$ で表す．

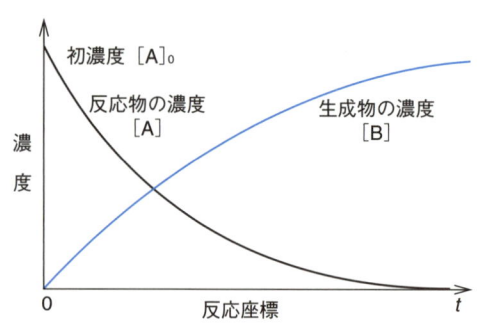

図 5・7 反応物と生成物の濃度の時間変化

反応が進行すると，反応物 A の濃度は減少し，生成物 B の濃度は増加する．ただし，反応のどの段階においても，$[A]+[B]=[A]_0$ が成り立つ．

(5・5)式に示した反応の速さ v は，単位時間当たりの物質 B の生成量で決めることができる．これは，反応物 A の量の減少を測っても同じことになる．このようにしてつくった式を**反応速度式**といい，(5・6)式のように表される．

ただし，[A]は減少量であるので，[A]のほうにマイナスをつける必要がある．

$$v = \frac{d[B]}{dt} = -\frac{d[A]}{dt} = k[A] \qquad (5・6)$$

上記の式は，反応の速さが反応物 A の濃度に比例することを示している．ここで，比例定数 k を**反応速度定数**あるいは単に**速度定数**といい，k が大きいほど速い反応である．このように，反応の速さが反応物の濃度の"一乗"に比例する反応を**一次反応**という．それに対して，(5・7)式のように，反応物の濃度の"二乗"に比例する反応を**二次反応**という．

$$v = k[A]^2 \qquad (5・7)$$

反応の速さを決めるもの

これまでに，反応の速さは反応速度定数 k と反応物の濃度 [A] により決まることを見てきた．ここで，k がどのような意味をもつかわかれば，さらに反応の速さを決めているものがわかる．(5・8)式に示したように，反応速度定数は 5・4 節で見た「活性化エネルギー E_a の山を越える分子の割合」に比例定数 A を掛けたものになる．

$$k = A \times (E_a を越えるエネルギーをもつ分子の割合) \qquad (5・8)$$

ここで，比例定数 A は「分子の衝突する頻度」に関係している．

さて，「分子の衝突する頻度」とは何だろうか？ 分子どうしが反応するためには，"出会い"が必要である．ここでは，気体中で無秩序に動いている分子を思い浮かべてみよう．これらの分子が頻繁に出会うためには，ある空間内に多くの分子が存在している必要がある．つまり，濃度が高くなると，それだけ頻繁に出会うことになる．また，温度が高くなると，分子の運動速度が上がるため，衝突する頻度は増える．しかしながら，このように分子が衝突しただけでは反応は必ず起こるわけではなく，反応に適する向きで，十分な運動エネルギーをもって，激しく衝突する必要がある（図5・8）．

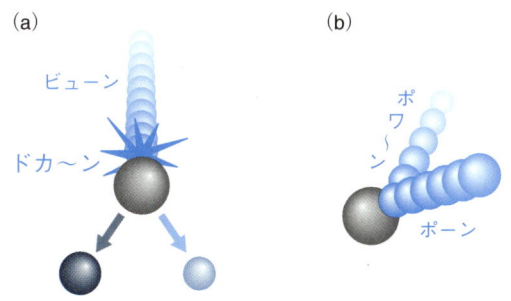

図5・8 **分子どうしの衝突** (a) 適切な向きで，活性化エネルギー以上の運動エネルギーで，激しく衝突した場合，(b) 不適当な向きで，活性化エネルギーには満たない運動エネルギーで，緩やかに衝突した場合

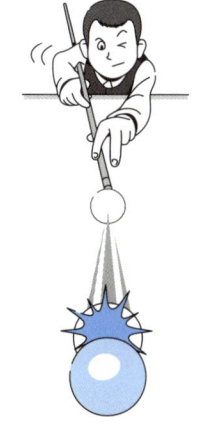

また，「活性化エネルギー E_a の山を越える分子の割合」は温度に関係し，活性化エネルギーが大きいほど，反応の速さに対する温度の影響が大きくなることがわかっている．

触 媒

これまでに見てきたことから，反応を速くするには，反応物の濃度を高くし，温度を上げればよいことがわかった．また，<u>活性化エネルギーを低くできれば，同じ温度でもエネルギーの障壁を越えられる分子の割合は多くなる</u>．活性化エネルギーを低くして，反応を速くする物質のことを**触媒**という．触媒は反応の前後を通じてそれ自身は変化しない．

触媒としては金属や金属酸化物などがある．たとえば，工業的に窒素と水素からアンモニアをつくる場合，鉄を主体とする触媒が用いられる．

図5・9に示したように，触媒を加えると活性化エネルギーは低くなる．このため，同じ温度でもエネルギー障壁を越えられる分子の割合が大きくなり，反応は速く進行する．

"酵素"は体内における触媒である（7・4節）．

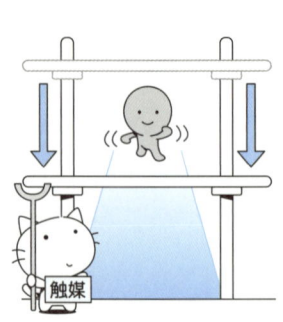
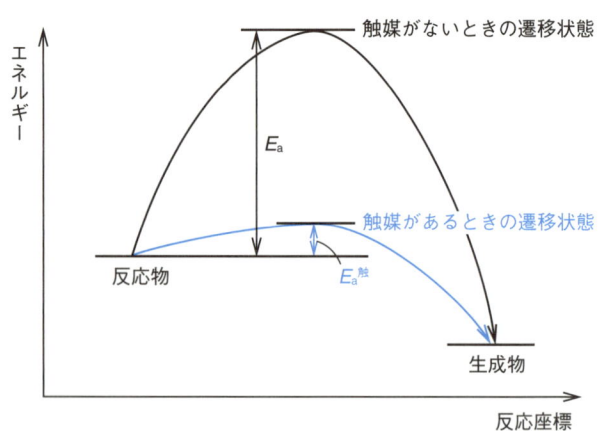

図 5・9 **触媒の働き** 触媒は活性化エネルギーを低くする

5・6 化 学 平 衡

多くの化学反応は一方向のみに進むのではなく，逆方向の反応も同時に起こっている．これは反応が進んで生成物の量が増えると，生成物どうしが頻繁に衝突して逆方向の反応が進むからである．

可 逆 反 応

このように反応物から生成物を与える反応と，生成物から反応物を与える反応が同時に起こっているものを**可逆反応**という．

(5・9)式では2種類の反応物A, Bが反応して，生成物Cに変化すると同時に，Cから元のA, Bに戻る反応が起こっている．

可逆反応は二重矢印 ⇌ で表す．

$$A + B \rightleftarrows C \qquad (5 \cdot 9)$$

このとき，A, BがCになる反応を"正反応"，それに対してCがA, Bに戻る反応を"逆反応"という．反応速度定数は正反応では k_1，逆反応では k_{-1} とする．

平衡状態はつり合い

図5・10(a)は，(5・9)式に示した可逆反応における濃度変化を示したものである．まず，反応物A, Bの濃度は減少し，生成物Cの濃度は上昇する．しかし，ある時間以降は両者の濃度に変化が現れなくなる．すなわち，反応物A, Bと生成物Cの濃度がともに一定となる．このような状態を**平衡状態**という．

しかし，平衡状態でも反応が停止しているわけではなく，常にA, BはCになり，常にCはA, Bに戻っている．ただ，その量的な関係がつり合っているため，変化が表面に現れないだけである．

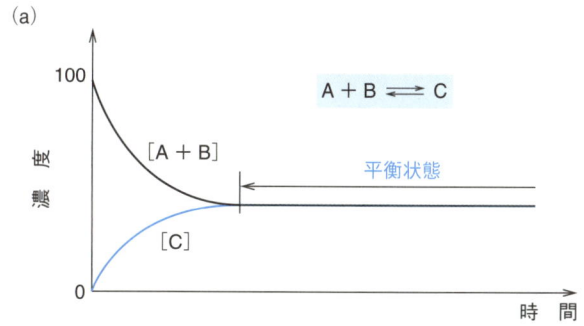

図 5・10 化学平衡 (a) 可逆反応における濃度変化, (b) 平衡状態の例え

平衡状態は, お昼時にいつも満員になっている食堂に例えることができる (図 5・10b). 食堂には 50 席が用意されている. 正午にはすでに 50 人の客で満員である. 食べ終わって出ていく人, 食べに来る人とお客は入れ替わるが, その 15 分後も食堂は満員である. そして, この状況が 1 時間は続く. このように, お昼時に人気のある食堂では, お客は絶えず入れ替わっているが, いつも満員であり, すなわち "平衡状態" である.

平 衡 定 数

反応が平衡状態にあるとき, 反応物の濃度の積と生成物の濃度の積の比を**平衡定数**といい, K で表す. (5・10) 式に示したように, 反応が平衡状態にあるときは, 正反応の速度と逆反応の速度は等しくなる.

$$v_1 = v_{-1} = k_1[A][B] = k_{-1}[C] \quad (5・10)$$

したがって, 平衡定数 K は (5・11) 式となり, 反応速度定数 k_1, k_{-1} の比になるので一定となる.

$$K = \frac{[C]}{[A][B]} = \frac{k_1}{k_{-1}} \quad (5・11)$$

正反応: $v_1 = k_1[A][B]$
逆反応: $v_{-1} = k_{-1}[C]$

一般に，反応 $aA+bB \rightleftarrows cC+dD$ の平衡定数は，

$$K_c = \frac{[A]^a[B]^b}{[C]^c[D]^d} \qquad (5・12)$$

このような平衡定数を特に"濃度平衡定数"という．

モル濃度については6・3節参照．

となる．ここで，濃度はモル濃度 M(mol L^{-1}) であり，K に濃度 (consentration) の頭文字 c を下付きとして添える．

平衡定数の値からわかること

平衡定数は化学反応によりさまざまな値をとる．平衡定数の値から，反応が反応物側や生成物側にどのくらい片寄っているかを知ることができる．ここでは，単純な反応 $A \rightleftarrows B$ を例にとって見てみよう．この反応の平衡定数は，

$$K_c = \frac{[B]}{[A]} \qquad (5・13)$$

となる．平衡定数の値から，以下のことがわかる．

- $K_c \gg 1$ ならば平衡はほとんど生成物側に片寄り，正反応がほぼ完全に進む．
- $K_c ≒ 1$ ならば平衡は反応物と生成物のほぼ中間にあり，平衡状態のときは反応物と生成物の濃度はほぼ等しい．
- $K_c \ll 1$ ならば平衡はほとんど反応物側に片寄り，逆反応がほぼ完全に進む．

たとえば，$K_c=100$ のときは B が A より 100 倍多く，$K_c=0.01$ のときは B が A の 100 分の 1 しかないことを意味している．

図5・11 は平衡定数の値によって，反応物と生成物の量がどのように変化しているかを模式的に示したものである．

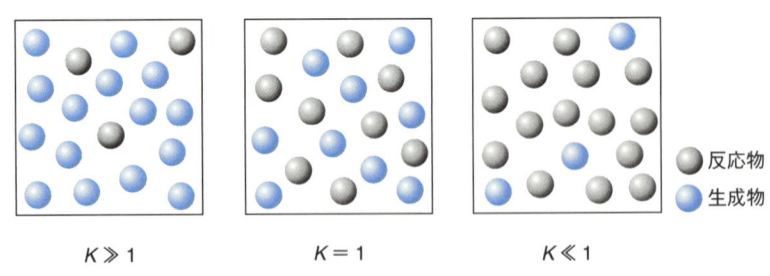

図5・11 平衡定数の値による反応物と生成物の量の変化

ル・シャトリエの法則

<u>平衡状態にある系に，外部から濃度，体積（圧力），温度などの条件の変化を加えると，新しい平衡状態に達するための変化は，加えられた変化</u>

を打ち消す方向に起こる．これを**ル・シャトリエの法則**という．

ここでは，アンモニアの合成を例にとって見てみよう．この反応は発熱反応であり，熱化学方程式を用いると以下のようになる．

$$N_2(g) + 3H_2(g) = 2NH_3(g) + 92.0 \text{ kJ mol}^{-1}$$

- 一定温度で N_2 を加えると N_2 の濃度を低くする方向，つまり NH_3 が生成する反応が進む．
- 一定圧力で温度を上げると吸熱反応の方向，つまり NH_3 が分解する反応が進む．
- 一定温度でさらに圧力を加えると圧力（分子数）を減少させる方向，つまり NH_3 が生成する反応が進む．

たとえば，$A+B \rightleftarrows C$ の反応系にいくら B を注ぎ込んでも，B はつぎつぎと費やされて C になるだけである．この様子を小遣いをつぎつぎと使い果たすドラ息子に例えて，ル・シャトリエの法則を"ドラ息子の法則"ともいわれるそうである．

章 末 問 題

5・1 物質の三態の性質について，つぎの問いに答えよ．
a) 一定の体積をもつのはどの状態か．
b) 決まった形をもたないのはどの状態か．
c) 分子や原子の間に働く力が最も強いのはどの状態か．

5・2 以下は二酸化炭素の状態図である．これについて，つぎの問いに答えよ．

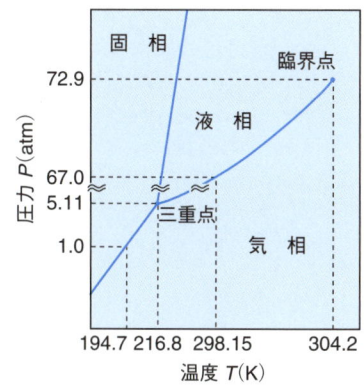

a) 三重点とは何か．
b) 臨界点とは何か．
c) 70 atm，298.15 K の条件下で，二酸化炭素の安定な状態は何か．
d) 一定圧力のもとでドライアイスを加熱するとき，ドライアイスが昇華するために必要な条件を示せ．

5・3 理想気体と実在気体の違いを簡潔に答えよ．

5・4 理想気体の圧力を 2 倍にし，同時に絶対温度を 2 倍に上げたら，体積はどのようになるか答えよ．

5・5 つぎの化学反応式の係数を求めよ．

① $a\text{Al} + b\text{H}_2\text{SO}_4 \longrightarrow c\text{Al}_2(\text{SO}_4)_3 + d\text{H}_2$

二酸化炭素の固体状態をドライアイスという．冷却剤としてよく利用される．

② $a\text{Fe} + b\text{O}_2 \longrightarrow c\text{Fe}_2\text{O}_3$

5・6 25 ℃，1気圧で，1モルの炭素と酸素ガスから二酸化炭素を生じる反応では，生成する二酸化炭素1モルあたり393.3 kJ の熱を放出する．この反応の熱化学方程式を書け．

5・7 つぎの文のうち，誤っているものはどれか．
① 遷移状態は，反応の経路においてエネルギーが極大となる状態である．
② 活性化エネルギーは，遷移状態を越えるために必要なエネルギーである．
③ 活性化エネルギーの高いほど，反応は起こりやすくなる．

5・8 一次反応 A ⟶ B について，つぎの文のうち正しいものはどれか．
① 反応速度 v は反応速度定数 k を用いて，$v = k[\text{A}]$ で表される．
② 物質 A の濃度が高いほど反応は遅い．
③ 時間が経過しても反応速度は変化しない．

5・9 つぎの文の ｜　｜ について，正しいほうを選べ．
触媒を加えると活性化エネルギーは ｜低く・高く｜ なり，同じ温度でもエネルギー障壁を越えられる分子の割合が ｜小さく・大きく｜ なり，反応は ｜ゆっくり・速く｜ 進行する．

5・10 可逆反応 A + B ⇌ C にもとづいて，平衡状態とはどのような状態か説明せよ．

5・11 反応 $\text{N}_2(\text{g}) + 3\text{H}_2(\text{g}) \rightleftarrows 2\text{NH}_3(\text{g})$ の濃度平衡定数を書け．

5・12 問題 5・11 の反応において，系に以下の条件の変化を加えたとき，平衡はどちらの方向に移動するか．a) N_2 の濃度を高くする，b) 温度を上げる，c) 圧力を増加させる

ヒント: アンモニアが生じる反応は発熱反応である．

6 溶液について見てみよう

　多くの化学反応は溶液中で起こる．溶液では，原子や分子にいろいろな出会いの場を提供することができる．ここでは溶液にはどのような性質があり，どのような化学反応が起こるかについて見てみることにする．

固体中では原子や分子が決まった場所にいるだけなので思いがけない出会いはできず，気体中では分子どうしは大きく離れているので出会いのチャンスは少ない．

6・1　水の不思議な性質

　水は最もありふれた液体であるが，いろいろ不思議な性質をもっている．固体の氷が液体の水に浮く，分子量が小さいのに沸点や融点が高いなどである．また，食塩のような無機物質だけでなく，砂糖のような有機物質も溶かすことができる．これらの性質の多くは，水分子どうしがつくる"水素結合"などに原因がある．

水がさまざまな物質を溶かすことのできる理由については 6・2 節で述べる．

水分子と水素結合

　3・6 節で見たように，水分子の水素はいくぶんプラスに，酸素はいくぶんマイナスに荷電しており，水素 2 個および酸素の 2 組の非共有電子対を用

水分子の 2 組の非共有電子対については p.22 の側注を参照．

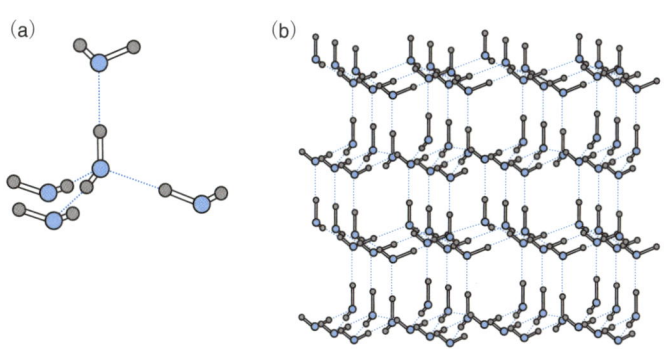

図 6・1　**水分子と水素結合**　(a) 水分子の四面体配置，(b) 氷の構造

いて水素結合を形成することができる．水素結合の特徴の一つは方向性を
もつことであり，氷の中では1個の水分子が4個の水分子に取囲まれて，
正四面体の頂点に酸素がくる配置をとっている（図6・1a）．そして，こ
れが基本単位となって水分子が三次元的に規則正しく並び，強固なネット
ワーク構造を形成している（図6・1b）．

一方，液体の水では水素結合が切れたりつながったりしており，氷と似
たようなネットワーク構造と，それが崩れてより乱れた構造が共存して，
流動性を保っていると考えられている（図3・8参照）．

> 氷の構造は温度や圧力によって変化し，十数種が知られている．図6・1(b)には日常よく見られる氷の構造を示した．

水の特異な性質と水素結合

このように，氷ではたくさんの大きな"すき間"をもつため，水よりも
氷のほうが密度は低くなり，氷が水に浮く．また，物質の沸点や融点は分
子間力により影響を受ける．液体の水分子どうしでは水素結合が働き，そ
の力が強いために，沸点や融点が異常に高くなる．たとえば，水に近い分
子量をもつ物質と比べると，無極性の有機分子であるメタン CH_4（分子量
16）の沸点は $-161\,℃$ である．また，フッ化水素（分子量20）も水素結合
を形成するが，その力は水分子よりも弱いために沸点は $19.5\,℃$ である．

> ファンデルワールス力（3・6節）も沸点や融点に影響を与える．分子量が大きいほどファンデルワールス力は強く，沸点や融点は高くなる．また，ファンデルワールス力は水素結合よりも弱く，数10分の1程度である．

> これは，水分子では1分子当たり4本の水素結合を形成できるが（図6・1），フッ化水素では2本しか形成できないためである．

6・2 溶けるとはどういうこと？

食塩水，酒，炭酸飲料には，液体の水にそれぞれ食塩，エタノール，二
酸化炭素が均一に混じっている．このように液体に，固体，液体，気体が
均一に混じって**溶けた（溶解した）**ものを**溶液**という．溶液において，溶
けている物質を**溶質**，溶かしている物質を**溶媒**という．ここでは，水が"溶
媒"であり，食塩，エタノール，二酸化炭素が"溶質"である．

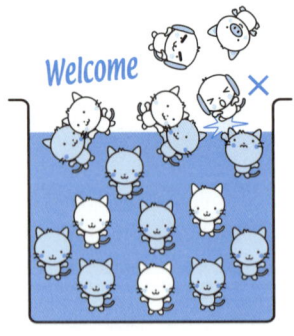

似たものは似たものに溶ける

溶液の中を見てみよう

物質は，「似たものは似たものに溶ける」という性質をもつ．たとえば，
極性（イオン性）物質である水に対して，イオン結晶である食塩や極性
の強いOH基をもつエタノールや砂糖は溶ける．アルコールでは，炭素数が
少なく，OH基が多いほど水によく溶ける．一方，無極性の長い炭化水素

部分をもつ油分子（7・6 節）は溶けない．このように，食塩やエタノール，砂糖が水に溶けるのは，溶媒の水分子と溶質である物質との間に強い引力が働くことによる．

たとえば，食塩を水に入れると，結晶の壊れやすい部分から水分子との静電引力によりイオンが引き抜かれ，陽イオンは水分子のマイナスに荷電した酸素に，陰イオンは水分子のプラスに荷電した水素に取囲まれて安定な状態になる（図6・2）．このように，溶質のまわりを溶媒分子が取囲む状態を**溶媒和**といい，特に溶媒が水の場合を**水和**という．

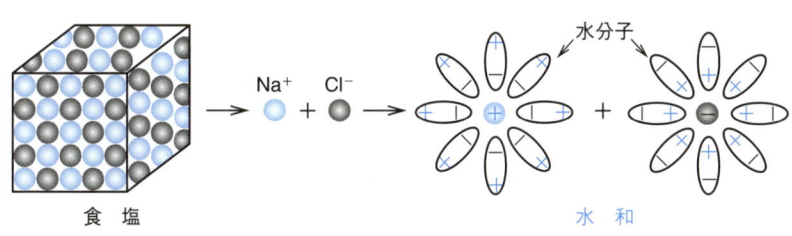

図6・2　食塩が水に溶ける様子（水和）

溶けるネコ？

一方，砂糖の主成分であるスクロース（図4・13）は，1分子中に8個の OH 基をもっており，OH 基と水分子との間に水素結合を形成し，水のネットワーク構造の中に入り込んでいくので，水によく溶けると考えられている．

6・3　溶けている物質の量
溶　解　度

溶質が溶媒にどのくらい溶けるかを表すものが**溶解度**である．一般に固体の溶解度は温度とともに増加するが，温度にあまり影響を受けない物質もある．図6・3では，固体物質が水 100 g に溶ける最大の量（g）を示している．

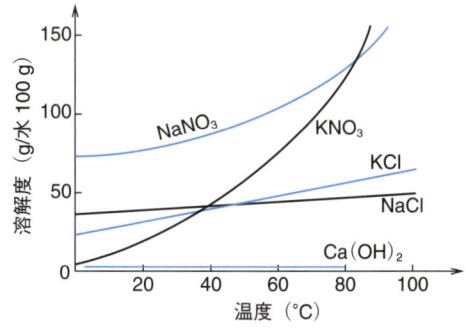

図6・3　いくつかの固体の水に対する溶解度

夏になり温度が上昇すると，金魚鉢の金魚が水面に口を出してパクパクすることがある．これは水に溶けている酸素の量が少なくなったため，空気中の酸素を吸っているのである．

一方，気体の溶解度は温度とともに減少する．図6・4には，いくつかの気体の溶解度の温度変化を示した．

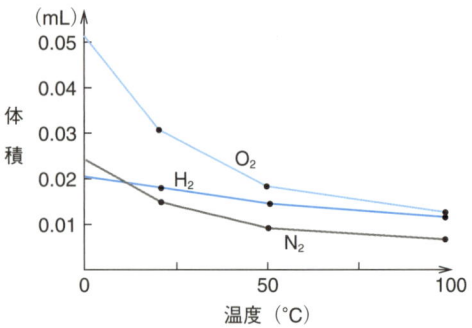

図6・4　いくつかの気体の水に対する溶解度

気体の法則に関しては，図6・5に示した**ヘンリーの法則**というものがある．

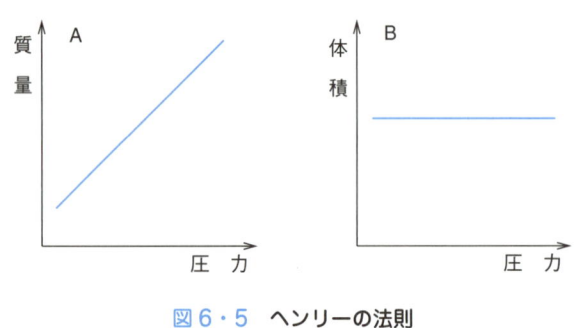

図6・5　ヘンリーの法則

A．一定量の液体に溶ける気体の"質量"は圧力に比例する．

これは別の言葉で表現することもできる．

B．一定量の液体に溶ける気体の"体積"は圧力に無関係である．

すなわち，気体の状態方程式で見たように，気体の体積は圧力に反比例する（$V = nRT/P$）．したがって，圧力が2倍になったとすると，溶ける気体の質量は2倍になるが，気体としての体積は半分になるため，結局，体積は同じということである．

溶液の濃度

つぎに述べる質量モル濃度と区別して，**体積モル濃度**とよぶこともある．

モル濃度　溶質の物質量（mol）を溶液の体積（L）で割った値．実験室で最もよく使用される濃度である．

$$\text{モル濃度} = \frac{\text{溶質の物質量（mol）}}{\text{溶液の体積（L）}} \quad (6・1)$$

ここで，単位である mol L^{-1} を記号 M で表すこともある．

たとえば，0.50 mol の食塩を水に溶かして，その溶液の体積を 1.00 L にしたとき，モル濃度は 0.50 mol L^{-1} となる．また，0.050 mol の食塩を溶かした溶液の体積が 0.10 L のときもモル濃度は 0.50 mol L^{-1} になる．

化学反応の実験を行うとき，必要な物質量を得るのにモル濃度を利用すると便利である．たとえば，0.50 mol L^{-1} の食塩水が用意されていて，0.50 mol の食塩が必要な場合，1.00 L の食塩水を測りとればよい．

質量モル濃度　溶質の物質量（mol）を溶媒の質量（kg）で割った値．

$$質量モル濃度 = \frac{溶質の物質量（mol）}{溶媒の質量（kg）} \quad (6・2)$$

(6・1)式における溶液の体積は温度によって変化するが，(6・2)式における溶媒の質量は温度に依存しないため，温度変化をともなう溶液の束一的性質（6・4節）を調べるときに利用される．

質量パーセント濃度　溶液の質量に対する溶質の質量の比を百分率で表した値．

$$質量パーセント濃度（\%） = \frac{溶質の質量}{溶液の質量} \times 100\,\% \quad (6・3)$$

たとえば，5 g の食塩を 95 g の水に溶かしたとき，質量パーセント濃度は，

$$\frac{5\,\mathrm{g}}{5\,\mathrm{g} + 95\,\mathrm{g}} \times 100\,\% = 5\,\%$$

となる．

6・4　溶液のいろいろな性質

溶液にはさまざまな性質がある．ここでは，不揮発性物質を溶質として溶かした希薄溶液において，溶質の種類によらず溶質の濃度（粒子数）のみに依存する性質について見てみよう．

> このような性質を**束一的性質**という．

溶液の蒸気圧

砂糖の水溶液のように，溶媒に不揮発性の溶質を溶かした場合の蒸気圧について見てみよう．"蒸気圧"とは，空中に飛びだした液体分子の圧力であり，すなわち気相への液体分子の移動のしやすさを表す．図 6・6 に示したように，溶媒分子と溶質分子は混ざり合うが，その割合に応じて液体表面にも溶質分子が並ぶ．このため，溶質分子に妨げられて，溶媒分子が空中に飛びだしにくくなる．すなわち，溶液の蒸気圧は純粋な溶媒の蒸気圧よりも低いことになる．これを**蒸気圧降下**という．

> 不揮発性とは揮発しない，すなわち，空中に飛んでいかず，"蒸気圧"を示さないことをさす．

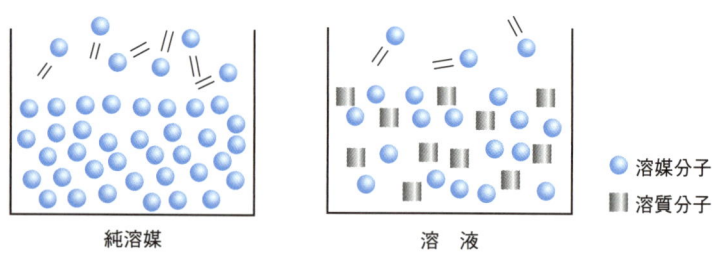

図 6・6 溶媒に不揮発性の溶質を溶かした模式図

融点降下と沸点上昇

純粋な水は 0 ℃ で凍って氷になるが，海水は 0 ℃ になっても凍らない．このように，溶液の融点が，純溶媒の融点よりも低くなることを**融点降下**という．これは，積み上げられたミカンとリンゴに例えるとわかりやすい．純溶媒の場合は，図 6・7(a) のようにまったく同じ大きさのミカンが動き回っている状態であり，温度を下げるときちんと積み重なり，安定した状態となる．

海水の主成分は水であるが，無機物質（塩類）が 3 % ほど含まれている．そのうちの 8 割ほどが塩化ナトリウムで，そのほかに塩化マグネシウム，硫酸マグネシウム，硫酸カルシウムなどがある．

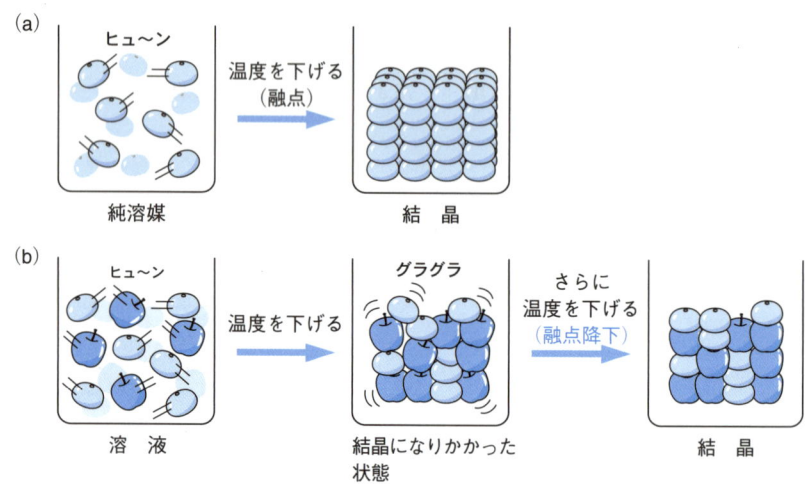

図 6・7 **融点降下** (a) 純溶媒の場合 (b) 溶液の場合

一方，溶液の場合は，図 6・7(b) のようにミカンの中にリンゴが混じっており，ミカンとリンゴでは大きさも形も違うため，温度を下げてもきちんと積み重なるのは難しく不安定であり，少しでも振動したら簡単に崩れてしまう．そこで，さらに温度を下げれば（融点降下），ミカンとリンゴの振動は小さくなり，積み重なるのが容易になる．

溶液の融点が純溶媒の融点に比べて低下する温度，すなわち融点降下 Δt_f は溶質の種類には関係せず，溶媒の種類と溶質の濃度（粒子数）のみに依存し，つぎの式で表される．

$$\Delta t_f = K_f m \qquad (6 \cdot 4)$$

ここで K_f は**モル融点降下定数**であり，溶媒に固有の値である．また，m は質量モル濃度であり（6・3節），溶媒 1 kg あたりの溶質の物質量（mol）をさす．

また，不揮発性の溶質を含んだ溶液の沸点は純粋な溶媒の沸点よりも高くなる．これを**沸点上昇**という．これは先に述べたように，溶液表面にある溶質分子に妨げられて溶媒分子が空気中に飛びだしにくくなる（図 6・6）．そのため，溶媒分子が空気中に移動するためには，より大きなエネルギーが必要であり，つまり温度を高くする必要がある．沸点上昇は以下の式で与えられる．

$$\Delta t_b = K_b m \qquad (6 \cdot 5)$$

ここで K_b は**モル沸点上昇定数**であり，溶媒に固有の値である．同様に，m は質量モル濃度である．

表 6・1 にいくつかの溶媒の K_f と K_b の値を示した．

表 6・1 各溶媒のモル沸点上昇定数とモル融点降下定数

溶 媒		沸点(°C)	K_b	融点(°C)	K_f
水	H$_2$O	100	0.52	0	1.86
エタノール	C$_2$H$_5$OH	78.3	1.22	−114.5	1.99
クロロホルム	CHCl$_3$	61.2	3.63	−63.5	4.68
ベンゼン	C$_6$H$_6$	80.2	2.57	5.5	5.12
酢 酸	C$_2$H$_4$O$_2$	118.1	3.07	16.7	3.9

浸 透 圧

野菜に塩をふりかけると，水が浸みだして「しんなり」とする．これは，野菜の細胞膜を通じて，細胞内の水分が，塩分の濃度の低いほうから，高いほうに移動したことによる．このような現象を**浸透**という．野菜の細胞膜は小さな物質（水）を通すが，大きな物質やイオンを通さない膜でできており，このような膜を**半透膜**という．

図 6・8 に示したように，水槽を半透膜で仕切り，片方に食塩水（溶液），

「漬物」はこの浸透という現象を利用した食べ物であるが，おいしくなる秘密については 10・3 節でふれる．

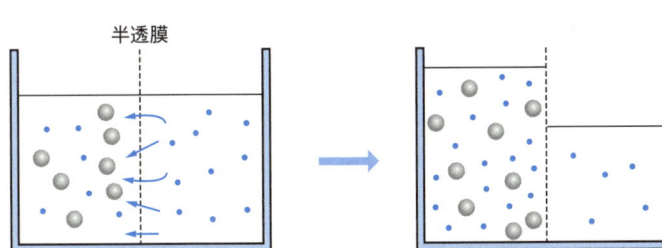

食塩（水和イオン）
水

図 6・8 半透膜

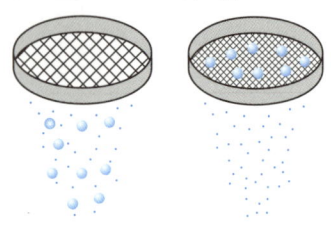

目の粗いふるいは大きいものでも通してしまうが，目の細かいふるい（半透膜）は小さいものしか通さない．

もう片方に水（純溶媒）を入れてみよう．ここで，<u>大きなイオン性物質である食塩（溶質）は半透膜を通れないが，小さな物質である水（純溶媒）は半透膜を通ることができる</u>．このため，水は左側の食塩水のほうに移動できるが，食塩（水和イオン）は左側にとどまったままである．すなわち，水側の体積は小さくなり，食塩水側の体積は大きくなる．このため，食塩水は水に薄められ，濃度は低くなる．

上と同じ操作を，図6・9のようにピストンを使って行ってみよう．(a) ピストンの底に半透膜を取付けて，ピストンの中に食塩水（溶液）を入れて，ピストン全体を水（純溶媒）の中に浸す．すると，水は半透膜を通ってピストン内に移動する．その結果，(b) ピストン内の水の量は増え，ピストンの蓋は上がる．

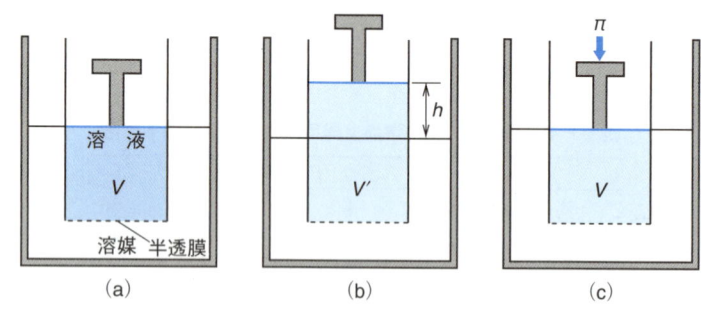

図6・9　浸透圧

この上がった蓋をもとの高さにするには，(c) 蓋に圧力 π を加えなければならない．この圧力を**浸透圧**という．

浸透圧 π と溶液の体積 V，溶質のモル数 n の間には (6・6) 式の関係が成り立つ．

$$\pi V = nRT \qquad (6\cdot 6)$$

この式を発見者の名前をとって**ファント・ホッフの式**という．

この式は，(5・1) 式の気体の状態方程式とそっくりである．

6・5　酸と塩基って何だろう？

溶液のもつ重要な性質に<u>酸性</u>，<u>塩基性</u>がある．身近な例としては，酢やレモン汁は"酸性"であり，セッケン水やアンモニア水は"塩基性"である．また，酸性と塩基性の中間の性質を<u>中性</u>という．水や牛乳は"中性"である．酸性を示す物質を**酸**，塩基性を示す物質を**塩基**という．酢の成分である酢酸は酸であり，アンモニアは塩基である．

酸と塩基には，いくつかの定義がある．ここでは，代表的な二つの定義について見てみよう．

アレニウスの定義

"酸"とは水溶液中で水素イオン H^+ を放出する物質であり，"塩基"とは水溶液中で水酸化物イオン OH^- を放出する物質である．ここでは，酸の例として塩酸 HCl，塩基の例として水酸化ナトリウム NaOH をあげる．

$$HCl \rightleftarrows H^+ + Cl^- \quad (6\cdot7)$$
$$NaOH \rightleftarrows Na^+ + OH^- \quad (6\cdot8)$$

(6・7)式の H^+ は，水溶液中では(6・11)式のように実際には水と結合した H_3O^+ として存在しているが，簡単のために H^+ と表記することもある．

ブレンステッド・ローリーの定義

"酸"とは H^+ を放出する物質であり，"塩基"とは H^+ を受取る物質である．(6・9)式のように，物質 HA は H^+ と A^- になる．したがって，HA は "酸" である．一方，A^- は H^+ を受取ることができるので "塩基" である．

$$\underset{\text{酸}\ (A^-\text{の共役酸})}{HA} \rightleftarrows \underset{\text{塩基}\ (HA\text{の共役塩基})}{H^+ + A^-} \quad (6\cdot9)$$

共役酸塩基

野球に例えるなら，ボール (H^+) を放る投手が "酸" であり，ボールを受取る捕手が "塩基" である．

このように，ブレンステッド・ローリーの定義では酸と塩基が対になって現れる．このような関係を**共役**といい，HA を A^- の**共役酸**，A^- を HA の**共役塩基**という．

また，この定義では水は酸，塩基のどちらにもなる．このような性質を**両性**という．

$$\underset{\text{酸}}{H_2O} + \underset{\text{塩基}}{NH_3} \rightleftarrows \underset{\text{酸}}{NH_4^+} + \underset{\text{塩基}}{OH^-} \quad (6\cdot10)$$

$$\underset{\text{酸}}{HCl} + \underset{\text{塩基}}{H_2O} \rightleftarrows \underset{\text{酸}}{H_3O^+} + \underset{\text{塩基}}{Cl^-} \quad (6\cdot11)$$

H_3O^+ をオキソニウムイオンあるいはヒドロニウムイオンという．

酸と塩基の強さ

酸や塩基にも強さがある．(6・12)式に示したように，塩酸は溶液中において，すべて H^+ と Cl^- に解離（電離）し，HCl 分子は存在しない．このように溶液中で溶質がほとんど解離する酸を**強酸**という．一方，(6・13)式に示したように，酢酸は溶液中において，わずかだけ H^+ と CH_3COO^- に解離し，ほとんどが CH_3COOH 分子のままで存在している．このように溶液中でほとんど解離しない酸を**弱酸**という．

$$HCl \longrightarrow H^+ + Cl^- \quad (6\cdot12)$$
$$CH_3COOH \rightleftarrows H^+ + CH_3COO^- \quad (6\cdot13)$$

このような酸の強さを表すものが，**酸解離定数** K_a である．酸解離定数は酸の解離が (6・14) 式で示されるとき，(6・15) 式のように定義することができる．[ ] は物質の濃度を表す．

$$HA \rightleftarrows H^+ + A^- \quad (6\cdot14)$$

強酸

弱酸

$$K_a = \frac{[H^+][A^-]}{[HA]} \quad \text{および} \quad pK_a = -\log K_a \quad (6・15)$$

(6・14)式では反応が右へ進むほど，たくさんの H^+ が放出される．つまり，HA は強酸である．よって，酸解離定数 K_a が大きいほど，強酸ということになる．また，K_a をその対数にマイナスを付けた値 "$-\log K_a$" で表すことがよくある．これを **pK_a**（ピーケーエー）という．対数であるので，値が1違えば，強さは10倍違うことになる．また，マイナスがついているから，pK_a の値が大きいほど，弱酸ということになる．いくつかの酸の pK_a を図6・10に示した．

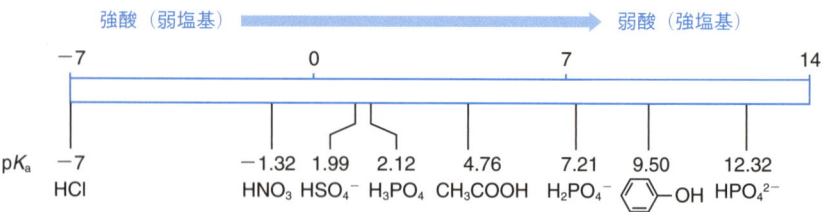

図6・10　いくつかの酸の pK_a

塩基においても酸と同様である．水酸化ナトリウム NaOH のように溶液中でほとんど解離する塩基を**強塩基**といい，アンモニアのようにほとんど解離しない塩基を**弱塩基**という．塩基 B の強さを表すには，酸と同様に定義した**塩基解離定数 K_b および pK_b**（ピーケービー）がある．

$$B + H^+ \rightleftarrows BH^+ \quad (6・16)$$

$$K_b = \frac{[BH^+]}{[B][H^+]} \quad (6・17)$$

一般には，塩基の共役酸 BH^+ の酸解離定数 K_a を使って表すことが多く，この場合は pK_a が大きいほど強塩基となる．

$$BH^+ \rightleftarrows B + H^+ \quad (6・18)$$

$$K_a = \frac{[B][H^+]}{[BH^+]} \quad (6・19)$$

酸性と塩基性

酸性とは溶液中に H^+ が多い状態であり，**塩基性**とは H^+ の少ない状態である．多いか少ないかは，純水中の水素イオン濃度 $[H^+]$ を基準にとる．水は微量であるが，解離して H^+ と OH^- になっている．この両方のイオンの濃度の積を**水のイオン積**といい，$[H^+][OH^-] = 10^{-14} (\text{mol L}^{-1})^2$ である．H^+ と OH^- の濃度は等しいから，純水の水素イオン濃度は 10^{-7} mol L^{-1} となる．

> 塩基性のことを "アルカリ性" ということもある．

水素イオン濃度は，**pH**（ピーエッチ）を用いて表す．pH は (6・20) 式で示したように，水素イオン H^+ の濃度の対数にマイナスをつけたものである．

$$pH = -\log[H^+] = \log\frac{1}{[H^+]} \quad (6\cdot20)$$

pK_a と同様，値が 1 違うと濃度は 10 倍になる．中性は pH が 7 であり，それより値が小さいと酸性，大きいと塩基性である．身近な物質の pH を図 6・11 に示した．

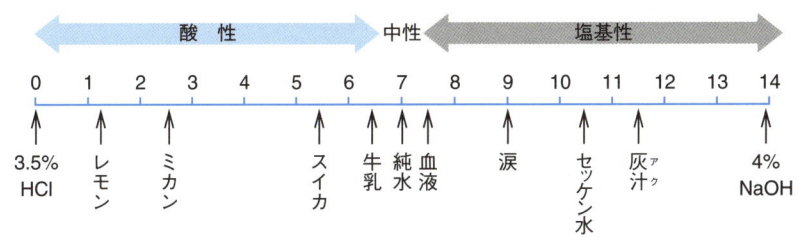

図 6・11 身近な物質の pH

---

pH の変化を調節する

体の中では水素イオン濃度（pH）は一定に保たれており，この pH が変化すると命の危険にさらされる．このため，体内には pH を一定に保つ仕組みが備わっている．これを**緩衝作用**という．ヒトの血液の pH は 7.4 前後に保たれており，緩衝作用は弱酸とその共役塩基が担う．具体的には弱酸は炭酸 H_2CO_3 であり，共役塩基は炭酸水素イオン HCO_3^- である．血液中には，呼吸により生じた CO_2 が溶けておもに炭酸水素イオンとして存在し，以下のような平衡状態が成り立っている．

$$H_2CO_3 \rightleftarrows H^+ + HCO_3^- \rightleftarrows 2H^+ + CO_3^{2-}$$

ここで，5・6 節でふれたル・シャトリエの法則に従って，血液中の H^+ が増加すると左向きに反応が進んで H_2CO_3 が生成し，H^+ が減少する．一方，H^+ が減少すると右向きに反応が進んで H^+ が放出され，CO_3^{2-} が生成し，H^+ が増加する．このようにして，血液中の pH は一定に保たれる．

このような緩衝作用をもつ pH 調整剤が，食品，化粧品や洗剤などでも利用されている．たとえば，細菌は pH が中性付近で最も繁殖し，pH 5.0〜4.5 では増殖できなくなるため，食品の日持ちを向上させるために添加されることなどがある．

> 酸や塩基を加えても pH が大きく変化しない溶液のことを**緩衝液**という．

> 化粧品や洗剤については 10・2 節でふれる．

酸と塩基の反応

酸と塩基が反応して，水と"塩（えん）"ができる反応を**中和**という．

このような反応では一般に，溶液を中性に近づけるので中和とよばれている．

(6・21)式のように，酸である塩酸と塩基である水酸化ナトリウムが反応すると，水とともに塩化ナトリウムという"塩（えん）"ができる．

$$\underset{\text{酸}}{\text{HCl}} + \underset{\text{塩基}}{\text{NaOH}} \longrightarrow \underset{\text{塩}}{\text{NaCl}} + H_2O \qquad (6・21)$$

しかしながら，中和で生成する塩は中性とは限らない．(6・22)式に示すように，弱酸である酢酸と強塩基である水酸化ナトリウムから生じる塩は，塩基性を示す．一方，(6・23)式に示すように，強酸である塩酸と弱塩基であるアンモニアから生じる塩は，酸性を示す．

$$\underset{\text{弱酸}}{CH_3COOH} + \underset{\text{強塩基}}{NaOH} \longrightarrow \underset{\text{塩基性}}{CH_3COONa} + H_2O \qquad (6・22)$$

$$\underset{\text{強酸}}{\text{HCl}} + \underset{\text{弱塩基}}{NH_3} \longrightarrow \underset{\text{酸性}}{NH_4Cl} \qquad (6・23)$$

このように，中和において塩は酸と塩基の強いほうの性質を残す．

6・6 酸化・還元って何だろう？

酸化・還元は多くの化学反応に見られる重要な現象である．身近な例として，鉄がさびることや電池の内部で起こっている反応があげられる．また，私たちの体の中でも酸化・還元は絶えず見られる現象である．

酸化・還元

"酸化"されるとは相手から酸素をもらうことであり，"還元"されるとは相手に酸素を与えることである．しかし，この現象をより広く説明するには，反応に関与する物質どうしの電子のやりとりに注目する必要がある．

電子のやりとりを考えるときに便利なものが，酸化数である．**酸化数**はどのような元素が結合して，どのような化合物をつくるかを示すための方式として考えられたものである．酸化数の決め方についてはコラムを見ていただきたい．

(6・24)式は，鉄が酸化されてさびた反応を示している．

$$\underset{0}{4Fe} + \underset{0}{3O_2} \longrightarrow \underset{2-}{\overset{3+}{2Fe_2O_3}} \qquad (6・24)$$

ここで，鉄の酸化数は0から+3に変化している．よって，鉄は酸化されて電子を失い，酸化数は増加している．一方，酸素の酸化数は0から−2に変化している．よって，酸素は還元されて電子を獲得し，酸化数は減少している．

酸化炎
$2CO + O_2 \rightarrow 2CO_2$

還元炎
$2C + O_2 \rightarrow 2CO$

身のまわりの酸化・還元の例

6・6 酸化・還元って何だろう？

酸化数の決め方

酸化数はつぎのようにして決める．

① 単体を構成する原子の酸化数は 0 である．
H_2 や O_2 の水素，酸素の酸化数は 0 である．

② イオンとなっている原子の酸化数は，そのイオンの価数である．
H^+，O^{2-} の酸化数はそれぞれ $+1$，-2 である．

③ 共有結合を構成する原子は，結合電子がすべて電気陰性度の大きい原子に属するとして，② に従って考える．
たとえば，HCl では，電気陰性度は Cl のほうが H より大きい．したがって，水素は電子を失うので酸化数は $+1$ となる．それに対して，Cl は結合電子をもつことになり，原子状態より 1 個多くなる．そのため，酸化数は -1 である．

④ 塩や中性の分子では，各原子の酸化数の総和は 0 である．
HNO_3 では H の酸化数が $+1$，O が -2 で，それが 3 個あるので合計 -6 である．したがって，N の酸化数は $+5$ となる．

以上のことから，酸化・還元はつぎのように説明できる（図 6・12）．

- **酸化**されるとは電子を与えることであり，このとき酸化数は増加する．
- **還元**されるとは電子を受取ることであり，このとき酸化数は減少する．

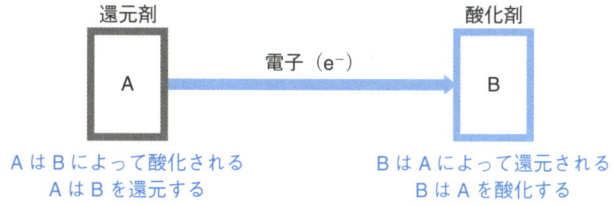

図 6・12 酸化・還元における電子のやりとり

酸化剤・還元剤

相手を酸化するものを**酸化剤**，相手を還元するものを**還元剤**という．図 6・12 には酸化剤と還元剤の関係を示している．電子のやりとりに注目すれば，酸化剤は電子を受取る物質であり，還元剤は電子を与える物質である．酸化剤は相手を酸化するとき，自身は還元されている．同様に還元剤は相手を還元するとき，自身は酸化されていることになる．

以上のように，酸化・還元は同時に起こっているのである．

酸化・還元と電池

酸化・還元は電子のやりとり，すなわち電子の移動として理解できた．

酸化・還元は，プレゼントを授ける側と受取る側の関係と同じである．"授ける" という行為と "受取る" という行為は，プレゼントの "授受" という一つの行為をどちらから見るかの違いでしかない．

電子の移動は，電気の流れ（電流）である．このような現象を利用したものとして"電池"などがあげられる．

まず，電池の仕組みを考えるうえで重要な現象について見ていこう．図6・13のように硫酸銅 $CuSO_4$ の水溶液に亜鉛板 Zn を浸すと，亜鉛は熱を発生して溶けだし，亜鉛板上には金属銅 Cu が析出する．これは(6・25)式に示したように，金属亜鉛 Zn^0 と銅イオン Cu^{2+} が反応し，亜鉛イオン Zn^{2+} と金属銅 Cu^0 になったのである．このことは，銅よりも亜鉛のほうがイオンになりやすいことを示している．

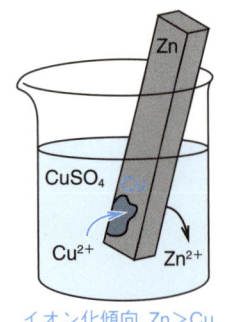

イオン化傾向 Zn＞Cu

図6・13　金属（銅）の析出

$$Cu^{2+} + Zn^0 \longrightarrow Cu^0 + Zn^{2+} \qquad (6・25)$$

一般に金属がイオンになるとき，そのなりやすさには違いがある．この違いの大きさに従って元素を並べたものを**イオン化傾向**という（図6・14）．イオン化傾向の大きいものほど，イオンになりやすい．

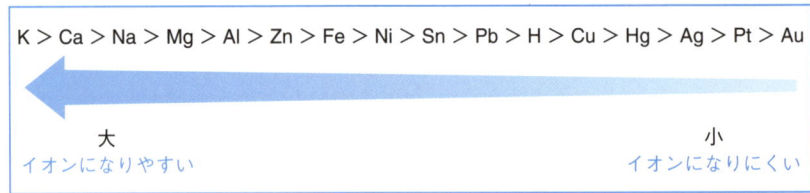

図6・14　**イオン化傾向**

このように，金属は溶けて陽イオンになるとき，電子を放出する．これは，金属が酸化されたことを意味する．したがって，<u>イオン化傾向は金属の酸化されやすさの順序</u>ということになる．

つぎに，最も単純な例を取上げて，電池の仕組みについて見てみよう．図6・15に示したように，希硫酸の入った容器に亜鉛板と銅板を浸すと，イオン化傾向の大小に従って，亜鉛のほうが多く溶け出す．この結果，亜鉛板上に多くの電子がたまることになる．

金属亜鉛君は電子を放出して（服を脱いで）亜鉛イオンになり，電子（衣服）を亜鉛板上（海辺）に置いていく．

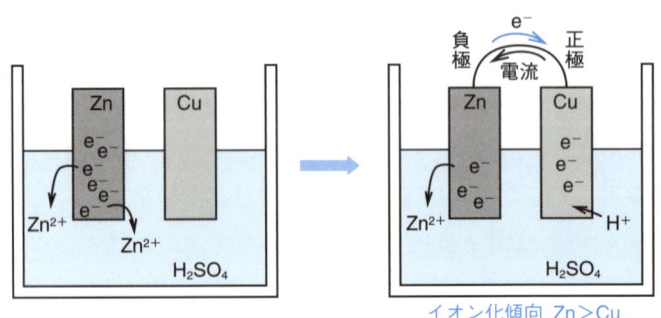

図6・15　**電池の原理**

この状態で，亜鉛板と銅板を導線で結んだら，亜鉛板から銅板に電子が流れていく．電流の方向は，電子の流れの方向の逆向きに定義される．つまり，銅板から亜鉛板に電流が流れたことになる．ここで，導線の途中に電球をつけると点灯する．これは，この装置によって電気を発生したことを意味する．

このように酸化・還元反応における化学エネルギーを電気エネルギーに変換する装置を**電池**という．電子を放出する（酸化される）亜鉛板を負極，電子を受取る（還元される）銅板を正極という．電池にはさまざまな種類があるが，具体的には10・5節でふれる．

章 末 問 題

6・1 つぎのうち，水素結合と関係する現象を述べたものを選べ．
① エタノールが水に溶ける．
② 水の沸点や融点が異常に高い．
③ エタンの沸点はメタンの沸点より高い．
④ 水の密度は氷の密度より高い．
⑤ 砂糖が水に溶ける．

6・2 溶液および水和についてそれぞれ簡潔に説明せよ．

6・3 一般に水に対する固体および気体の溶解度は温度とともにどのように変化するか．

6・4 つぎの溶液におけるそれぞれの濃度を求めよ．
a) 160 g の NaOH（式量 40.0）を水に溶かして 6.0 L の溶液としたときのモル濃度．
b) 3.40 g のアンモニア（分子量 17.0）を 300 g の水に溶かしたときの質量モル濃度．
c) 50 g の砂糖を水に溶かして 350 g の溶液としたときの質量パーセント濃度．

6・5 溶液の蒸気圧が純溶媒の蒸気圧より低い理由を簡潔に説明せよ．

6・6 ある物質 300 g を 1 kg のベンゼンに溶かした溶液の融点は 0.38 ℃である．表 6・1 をもとにして，この物質の分子量を求めよ．

6・7 塩辛い漬物を塩水に戻すと，塩辛さが減って食べやすくなる理由について簡潔に説明せよ．

6・8 ブレンステッド・ローリーの定義を用いて，酸と塩基を定義せよ．また，この定義によると，なぜ，水は酸でもあり塩基でもあるのか簡潔に説明せよ．

6・9 pH＝3.0 の溶液に含まれる H^+ の濃度は中性の水に含まれる H^+ の濃度の何倍になるか．また，この溶液に含まれる H^+ および OH^- の濃度を求めよ．

6・10 つぎの反応で生成する塩（えん）は酸性，中性，塩基性のいずれを

示すか.
- a) $HCl + NaOH \longrightarrow$
- b) $CH_3COOH + NaOH \longrightarrow$
- c) $HCl + NH_3 \longrightarrow$

6・11 つぎの反応で酸化される物質と還元される物質を答えよ.
- a) $4Fe + 3O_2 \longrightarrow 2Fe_2O_3$
- b) $Mg + H_2SO_4 \longrightarrow MgSO_4 + H_2$
- c) $2H_2O \longrightarrow 2H_2 + O_2$

6・12 アルミニウムと白金を電極に用いた電池では,どちらが負極になるか.

7 生命と化学

　青く美しい地球にはさまざまな生命が満ちあふれている．生命の活動には"化学"が重要な役割を果たしている．ここでは，化学の目を通して，生命の世界を見ていこう．

7・1　生命とは何だろう？

　すべての生命は，いくつかの共通する特徴をもっている．そのうち，特にこの章で取上げる事項について図7・1に示した．

図7・1　生命のおもな特徴

① 生命活動の中心となる場所が細胞であり，ここで行われるさまざまな"化学反応"により，生命は維持されている．つまり，細胞は生命を構成する基本単位であり，生命と化学をつなぐ重要な役割を果たしている．

② 遺伝は核酸という"化学物質"が担っており，親がもっている性質は遺伝情報としてDNAに書き込まれており，その情報が子に伝えられる．さらに，DNAのもつ情報をもとに生命維持に必要なタンパク

78　7. 生命と化学

光合成の基本は太陽光によって低エネルギー分子である二酸化炭素を，糖をはじめとする高エネルギー分子に変化させることである．

質をつくり出しているのが，RNA である．

③ 植物は太陽からエネルギーを得て，"光合成"によって生命活動に必要なエネルギーを得ている．一方，動物は他の生物を食物として取入れ，体内で分解する過程でエネルギーを得ている．

ウイルスは生命か？

インフルエンザウイルスに感染すれば，高熱や咳などに悩まされる．ウイルスは病原体であり，人類の強力な敵であるようにみなされる．いったい，ウイルスは生命なのだろうか？ 図 7・1 に示した生命のもつ特徴にあてはめて考えてみよう．

① 図 1 に示すように，ウイルスの基本的な構造は，1 本ないし 2 本の RNA あるいは DNA のいずれかをもち，タンパク質の外被（キャプシド）によって包まれている．ウイルスによっては，そのまわりが脂質からなる膜（エンベロープ）に囲まれ，さらにはエンベロープに埋込まれた糖タンパク質の突起（スパイク）が見られるものもある．このように，ウイルスは細胞構造をもたない．

ウイルスは球状や繊維状などの外形をもつ．

RNA は 1 本，DNA は 2 本の場合が多い．

インフルエンザ，コロナ，エイズウイルスなどはスパイクをもつ．スパイクは他の生物体の細胞膜に結合し，細胞内に侵入する役割を果たす．
コロナウイルスの名称は王冠（コロナ）様のスパイクをもつことに由来する．

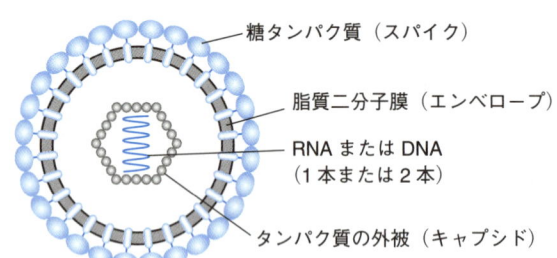

図 1　球状ウイルスの基本的な構造　エンベロープやスパイクがないウイルスもある

② 他の生物の細胞を利用してのみ増殖をする．
③ 自分でエネルギーを獲得する仕組みをもたず，他の生物の細胞がつくったものを利用している．

以上のように生物の特徴の一部しかもたないので，一般には，ウイルスは生物としてみなされない．

しかしながら，このような特徴だけで生物かどうかを定義することは難しく，さまざまな見解がある．

7・2　細胞は化学工場

細胞はさまざまな化学物質からできており，細胞の中では生命活動を支える化学反応が行われている．まさに，細胞は生命をつくり出す"化学工場"である．

細胞の構造

細胞には，核膜で包まれた核をもつ**真核細胞**とそのような核をもたない**原核細胞**がある．ヒトをはじめとする動物や植物などは真核細胞からなる．図7・2は動物および植物を構成する細胞の模式図である．外界と細胞との境界となるのが**細胞膜**であり，さらに植物ではその外側が**細胞壁**で囲まれている．細胞の中には核，小胞体，ゴルジ体，ミトコンドリアなどの**細胞小器官**が含まれており，さまざまな役割を果たしている．

原核細胞は細菌などに見られる（8・6節）．

細胞壁はおもにセルロース（図4・14）からなる．

そのほか，植物細胞では光合成の場である"葉緑体"や，水，栄養物および酵素を貯蔵している"液胞"が存在する．

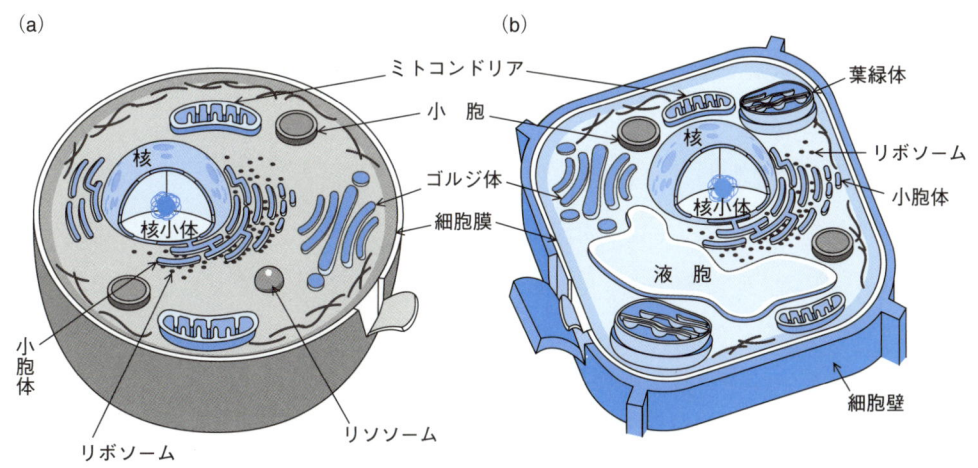

図7・2 **細胞の構造** (a) 動物細胞，(b) 植物細胞

細胞小器官の役割

細胞の化学工場にも会社と同じように所属があり，それぞれに役割が分担されている．

核には遺伝情報を担うDNAという物質が格納されており，細胞の"中央指令室"にあたる．図7・3(a)に示すように，核は核膜に包まれ，核膜にはところどころに孔があり，RNAなどの特定の物質を通過させるように，出入りを管理している．核の中心部にある**核小体**では，DNAのもつ情報をRNAへ書き写す作業が行われる．この情報をもとにして，下記のリボソームがつくられる．

DNAと遺伝情報については7・5節でふれる．

RNAについては7・5節でふれる．

小胞体は薄い膜の袋が重なったようなものであり，表面に小さな粒子がついている（図7・3b）．この小さな粒子は**リボソーム**といい，細胞に必要な部品を製造するための"生産部"であり，タンパク質の合成が行われている．

タンパク質については7・3節でふれる．

ゴルジ体はリボソームで生産されたタンパク質を，きちんと細胞の内部

7. 生命と化学

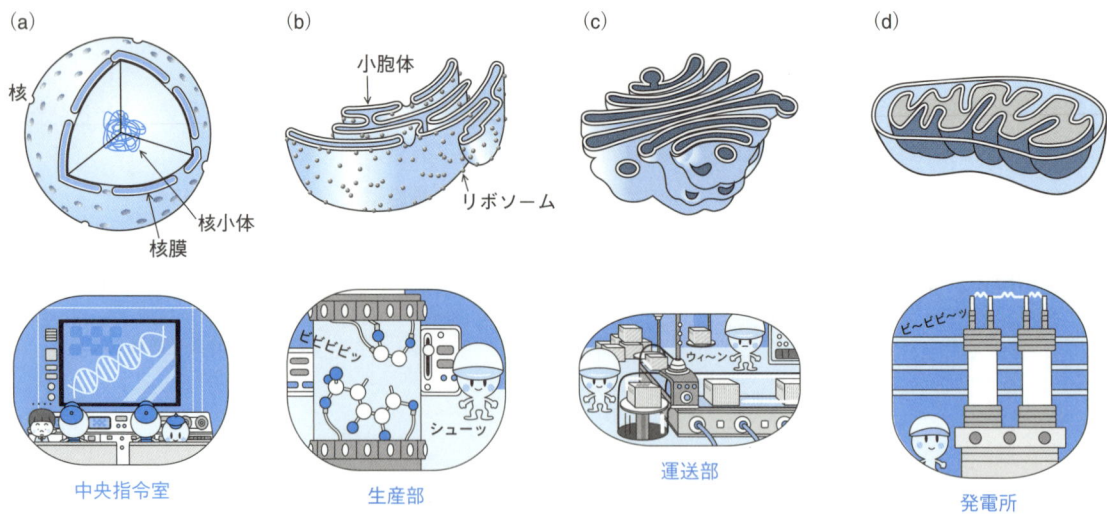

図7・3 **細胞小器官** (a) 核，(b) 小胞体，(c) ゴルジ体，(d) ミトコンドリア

や外部の目的地に配送できるように，仕分けをする"運送部"である（図7・3c）．仕分けされたタンパク質は**小胞**によって目的地に配送される（後述）．

ミトコンドリアは細胞の化学工場を稼働させるためのエネルギーを生産する，いわば"発電所"である（図7・3d）．膜でできた薄い袋が複雑に入り込んだ構造をしており，核のつぎに大きな器官である．糖を分解するさまざまな酵素が含まれ，生命活動に必要なエネルギーが生産される．

糖の分解によるエネルギーの生産については7・7節でふれる．

細胞膜の構造

図7・4は細胞膜の模式図である．リン脂質からなる二分子膜とその中に入っているタンパク質などからできている．細胞膜にあるタンパク質は二分子膜を完全に貫通するものもあれば，一部だけ埋まっているものもある．これらのタンパク質によって，細胞は外部と連絡ができる．

リン脂質については7・6節でふれる．
二分子膜については4・6節も参照のこと．

タンパク質には，細胞にイオンや分子などの必要な物質を選択的に取込み，不要な老廃物を放出するための通路の役割を果たしているもの（チャネル）もある．

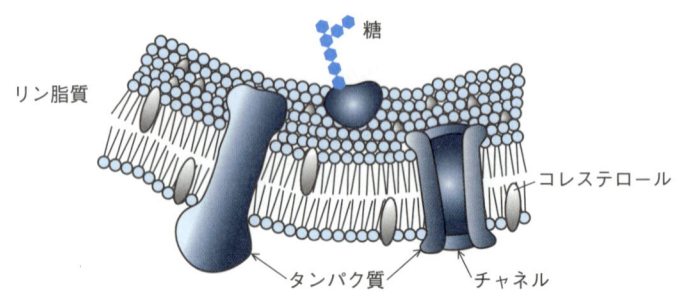

図7・4 **細胞膜の構造**

変幻自在な細胞膜

細胞膜はリン脂質からなる二分子膜でできている。細胞膜の変形によって、細胞内への物質の取込みや細胞内からの老廃物の放出などが行われる。図7・5(a)に示したように、細胞膜の一部がくぼみ、やがてはくびれて分離し小胞となる。そして、この小胞に物質が取込まれて、細胞内外への輸送が行われる（図7・5b）。

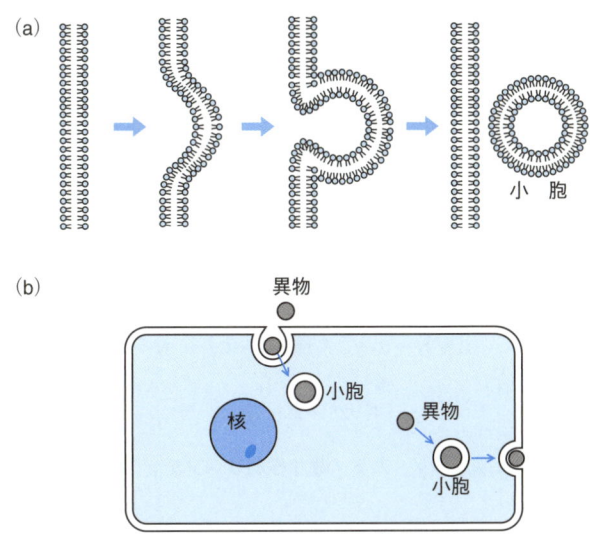

図7・5　**小胞**　(a) 小胞の生成，(b) 小胞による物質の輸送

7・3　タンパク質は複雑な立体構造をもつ

タンパク質は毛髪，皮膚，筋肉，骨などの成分として生体を構築するだけでなく、血液中で酸素を輸送したり、体内での化学反応をつかさどる酵素などとして重要な役割を果たしている。

酵素については7・4節でふれる。

タンパク質ってどんなもの？

タンパク質は**アミノ酸**という物質が多数結合してできた巨大な"高分子"である。図7・6(a)に示すように、アミノ酸はアミノ基 NH_2 とカルボキシ基 $COOH$ をもつ物質であり、真ん中の炭素にはそのほかに、水素 H と側鎖 R がついている。この R の違いによって，アミノ酸の種類が異なる。生体を構成するアミノ酸は20種類に限られている。図7・6(b)には食べ物や化学調味料のうまみ成分であるグルタミン酸の構造を示した。

20種類のアミノ酸のアミノ基とカルボキシ基の間で水がとれて結合したものがタンパク質である（図7・7）。このような結合を**ペプチド結合**といい、ペプチド結合をもつ分子を**ペプチド**という。タンパク質はアミノ酸が

4・5節でふれたアミド結合と同じものであるが、特にアミノ酸どうしの場合を"ペプチド結合"という。

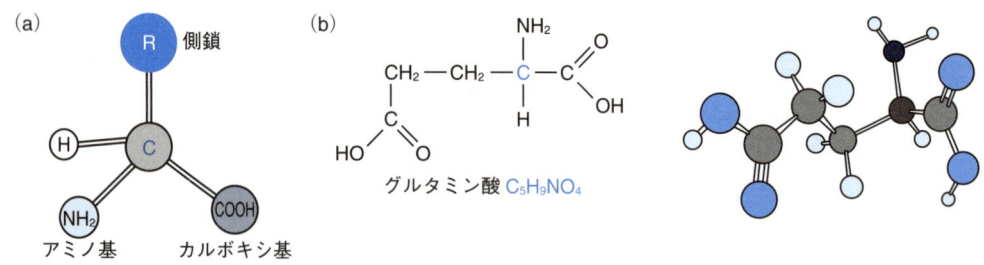

図7・6 アミノ酸 (a) 基本構造，(b) グルタミン酸の構造．○水素，○酸素，○炭素，●窒素

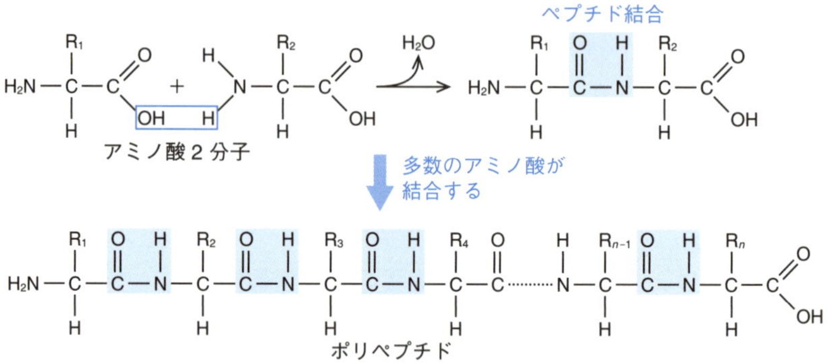

図7・7 アミノ酸からポリペプチドへ

数百から数千個つながってできた長い鎖で構成されており，これを**ポリペプチド**という．

タンパク質の立体構造

タンパク質は複雑な立体構造をもつ．ここでは，どのようにしてポリペプチドから立体構造がつくられるかを見てみよう．アミノ酸は C=O 結合や N-H 結合を含んでいるため，アミノ酸の間で水素結合が形成され，その結果，立体構造のもとになる部品がつくられる．ペプチド鎖がらせん状になった**αヘリックス**やペプチド鎖が折れ曲がってシート状になった**βシート**などがある（図7・8）．

このような部品がさらに折りたたまれて球状などの立体構造がつくられる．図7・9(a) は**ミオグロビン**とよばれるタンパク質であり，αヘリックスが折りたたまれてつくられている．ミオグロビンは筋肉中に存在し，酸素を結合して筋肉に供給する役割をもつ．

さらに，これらの三次元構造が組合わさってより複雑な立体構造をもつタンパク質も多く見られる．図7・9(b) はαヘリックスからなる2種類のポリペプチドが4本組合わさってできた**ヘモグロビン**とよばれるタンパク質である．ヘモグロビンは赤血球中に存在し，酸素を輸送する役割をもつ．

ポリペプチド中で，どのような種類のアミノ酸がどのような順序で並んでいるかは，タンパク質の構造や機能にとって重要となる．

水素結合については3・6節や図4・12など参照．

図において，らせん状のリボンがαヘリックスに相当する．

ミオグロビンとヘモグロビンでは，図7・9に示したように，中心に鉄原子をもった**ヘム**という部分に酸素分子が結合する．

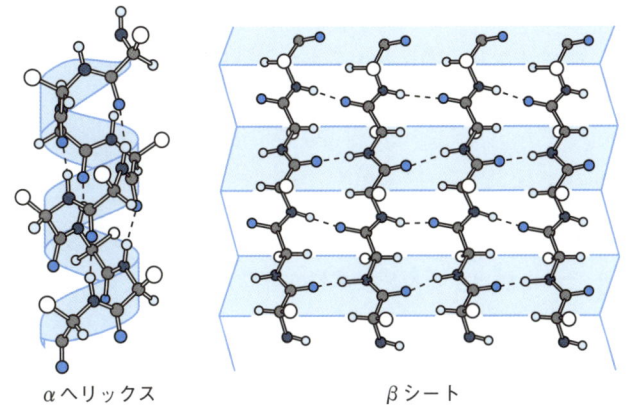

図7・8　αヘリックスおよびβシート

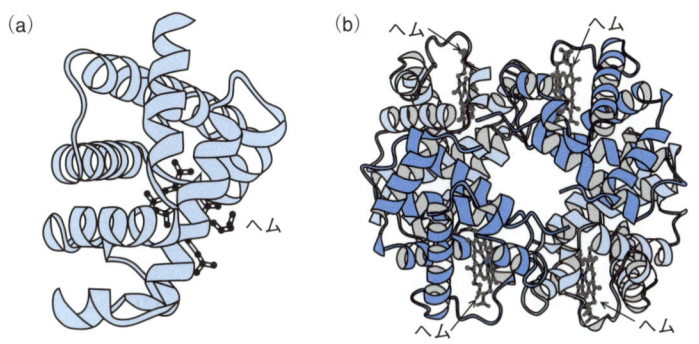

図7・9　タンパク質の立体構造　(a) ミオグロビン，(b) ヘモグロビン

7・4　酵素は生体で働く触媒

　体の中では，生命活動に必要なさまざまな化学反応が起こっている．5・4節で見たように，物質が酸素と反応して炎を上げて燃えるような，激しい反応が体内で起こったなら，私たちはたちまち燃えてなくなってしまう．

　そこで，体の中では一つの反応を何段階にも分けて，穏やかな条件で行われる（図7・10）．ただし，このような化学反応は進行が遅いので，スピードアップする手助けが必要であり，その役割を担うのが**酵素**である．

ヘモグロビンなどの球状タンパク質のほかに，繊維状のタンパク質もある．たとえば，下図に示した**コラーゲン**は骨，歯，皮膚などの成分であり，3本のポリペプチド鎖がそれぞれらせんを形成しながらより合わさっている．

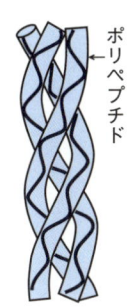

ヒトは数千種類の酵素をもっているといわれている．

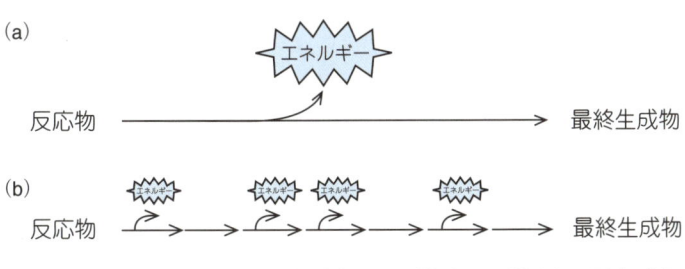

図7・10　外界での激しい反応（a）および体内での穏やかな反応（b）

酵素は 5・5 節でふれた"触媒"と同様の働きをする．つまり，酵素は生体で働く触媒であり，活性化エネルギーを低くして（図 5・9），反応を速くすることができる．

酵素の特異性

酵素は，特定の物質（基質という）のみに作用する**基質特異性**をもち，特定の反応だけを触媒する**反応特異性**が非常に高い，という大きな特徴をもつ．

基質特異性については，たった一つの基質に限定するものから，構造の似ている一連の基質に作用するものまである．

ここでは，基質特異性の仕組みについて見てみよう．酵素はタンパク質からなり，それぞれ特有の立体構造をもっている．図 7・11 に示すように，酵素 E は立体構造の"くぼみ"にぴったりと適合する基質 S のみと結合して複合体 SE となり反応を触媒する．これは「鍵と鍵穴」の関係に例えられる．ただし，酵素の構造は完全に固定されたものではなく，結合のさいに基質に適合するように少し変化することがわかっている．反応が終わると SE の状態から E が離れて，生成物 P になる．最終的に E は元の状態に戻る．

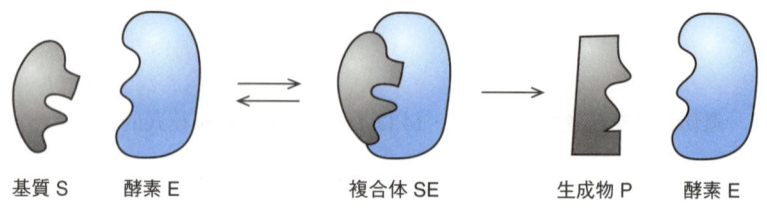

基質 S　　酵素 E　　　　　　複合体 SE　　　　　生成物 P　　酵素 E

図 7・11　酵素反応

酵素の働く条件

酵素が働くさいには，温度や pH などに最適の条件がある．図 7・12 は酵素の働きと温度の関係である．温度には，酵素の働きが最も効率良くな

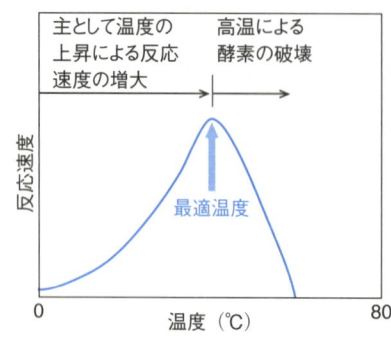
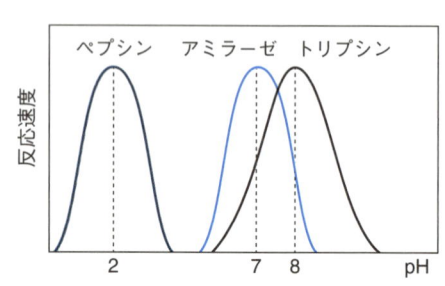

図 7・12　酵素による反応速度の温度依存性　　図 7・13　酵素による反応速度の pH 依存性

る最適の温度があり，それより高くなると急速に反応速度が低下する．ほとんどの酵素は体温あるいはそれより少し高い温度が最適な温度となる．

タンパク質を構成するアミノ酸の側鎖にはカルボキシ基やアミノ基などがあり，これらは特定の pH の範囲でイオン化したり，非イオン型になったりするため，酵素によって最適の pH が存在する．図 7・13 は酵素の働きと pH の関係である．ほとんどの酵素は中性付近に最適 pH をもつが，胃の中で働くペプシンのように例外もある．

たとえば，卵をゆでた場合などで見られるように，タンパク質は加熱すると，その形や性質が変化し，元に戻らなくなる（10・3 節）．

7・5 核酸は遺伝情報を担う

生命の特徴は"自己複製"であり，それを支えるのが遺伝である．これらの中心的な役割を果たすのが，**核酸**という化学物質である．いわば，核酸は『生命の設計図』であり，その設計図が親から子へと受継がれる．

核酸には大きく分けて，"DNA"と"RNA"の 2 種類がある．遺伝において重要な役割を果たすのは DNA であり，RNA は DNA の遺伝情報を受取って，それをもとにタンパク質をつくる．

DNA は自己複製し，遺伝情報を伝達する

遺伝を担う遺伝子の本体は DNA である．DNA は"自己複製"することで，遺伝情報を伝達する．図 7・14 は DNA の全体像を模式的に示したものである．2 本のリボンがらせん状により合わさっており，この構造を DNA の**二重らせん**という．

DNA を構成する 2 本のリボンは相補的であり，片方が決まれば，もう片方も自動的に決まるようになっている．このため，片方のリボンをもとにして，新しい二重らせんを複製することができる（図 7・14）．これが DNA の自己複製の基本的な原理である．このとき，複製された DNA の 2 本のリボンのうち，一方は元の DNA であり，もう一方は新しくつくられたものである．そして，この自己複製された DNA は，どちらも元の二重らせんと同じものになる．

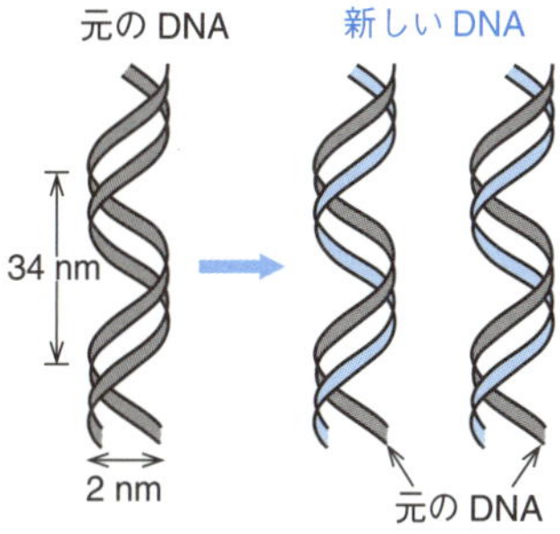

図 7・14 DNA の二重らせんと自己複製

DNA の基本的な構造

図 7・15 は DNA の基本的な構造を模式的に示したものである．2 本のリボン（基本鎖）はそれぞれ**糖**（デオキシリボース）と**リン酸**が結合してできており，その糖の部分に**塩基**が結合している．

ここで糖と塩基が結合したものを**ヌクレオシド**といい，さらにヌクレオシドの糖部分にリン酸が結合したものを**ヌクレオチド**という．これが DNA の基本構成単位である．

DNA は糖としてデオキシリボースをもつので，**デオキシリボ核酸**（deoxyribonucleic acid, DNA）という．一方，RNA は糖としてリボースをもつので，**リボ核酸**（ribonucleic acid, RNA）といわれる．
デオキシリボースとリボースの違いは図 7・15 に示したように，糖の X の位置に前者では H が結合し，後者では OH が結合していることである．

7. 生命と化学

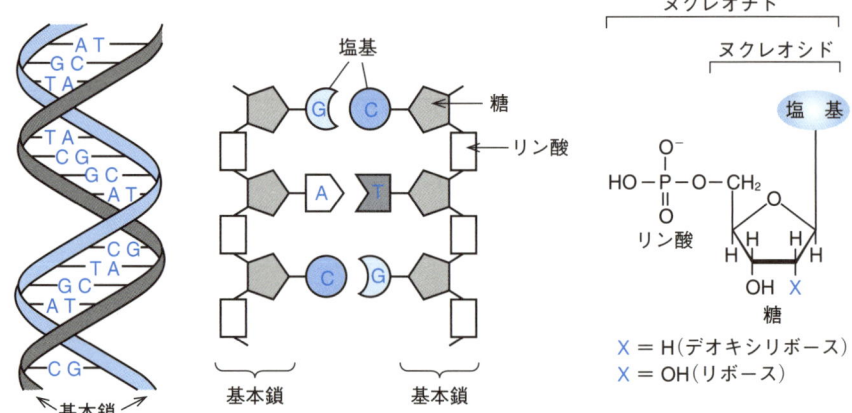

図 7・15 DNA の基本的な構造

塩基には4種類しかなく，**アデニン**(A) と**グアニン**(G) はその構造が似ており，**プリン塩基**という．同様に，**シトシン**(C) と**チミン**(T) を**ピリミジン塩基**という（図 7・16a）．これらの塩基どうしには "相性" があり，A と T，G と C は相性が良く，それ以外の組合わせは相性が悪い．これは A と T，G と C の間に水素結合が働くため，塩基どうしが結びつけられるためである（図 7・16b）．また，図に見るように，塩基の形と大きさから A と T，G と C が組合わされば，各組は同じ大きさになるので，形の整った規則的な二重らせんができる．

> 水素結合は A と T の間には 2 本，G と C の間には 3 本形成される．このような塩基の間に形成された水素結合により，二重らせん構造を安定化することができる．

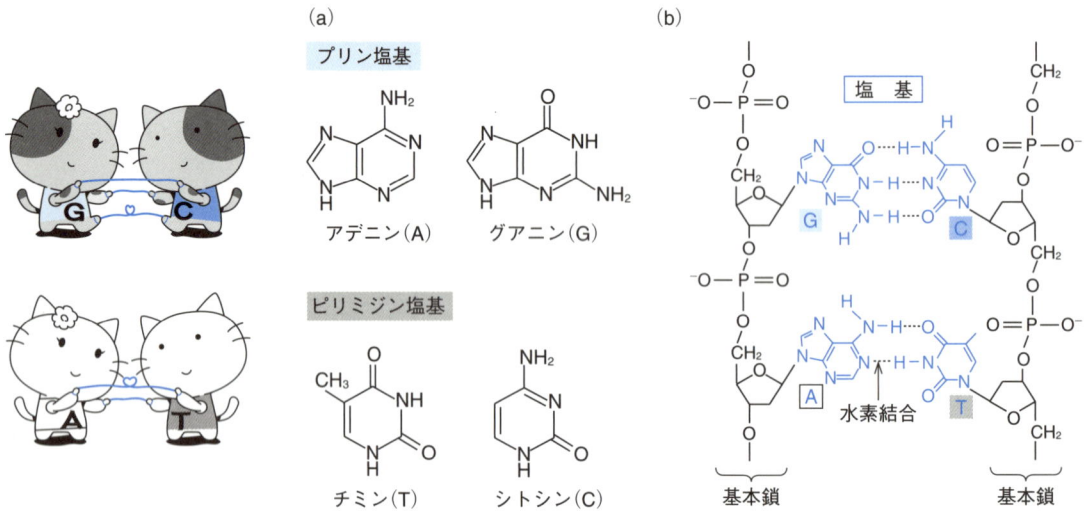

図 7・16 DNA における 4 種類の塩基　(a) その構造，(b) 塩基間の水素結合

DNA から RNA への情報伝達

　DNA のもつ遺伝情報の一部を写し取って RNA がつくられ，RNA に記録された情報をもとにタンパク質が合成される．

　このような遺伝情報の流れは映画製作に例えることができる（図7・17）．① 監督である DNA の撮影したフィルムが，② 映像技師である酵素により上映用フィルムに編集される．これが RNA に相当する．そして，③ 映写機を通じてスクリーンに映し出されたのが，さまざまな衣裳をまとったタンパク質である．

図7・17　DNA から RNA への情報伝達およびタンパク質合成の例え

　RNA は DNA と同じ核酸とよばれる物質であるが，その違いは糖がデオキシリボースではなく，"リボース"になっており（図7・15参照），塩基にはチミンの代わりに，**ウラシル(U)** が使われている．RNA では A と U の間で塩基対を形成する．

　DNA において遺伝情報を担っているのは4種類の塩基であり，この**塩基の配列順序**によって，遺伝情報が"暗号化"される（コラム参照）．この暗号化された情報の一部を写し取って RNA がつくられる．これを**転写**という．さらに RNA に転写された情報をもとにアミノ酸をつないでタンパク質が合成される．これを**翻訳**という．転写は核の中で，翻訳はリボソームにおいて行われる．このように，生命は図7・18に示す方向で情報を伝達している．

RNA は DNA のように二重らせん構造をとるのではなく，ほとんどの場合，1本の鎖として存在している．

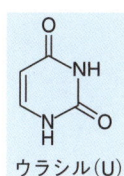

ウラシル(U)

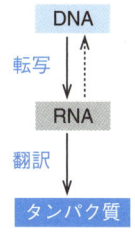

図7・18　遺伝情報の流れ

図の上向きの ┄┄▶ で示したように，ある種のウイルスでは RNA から DNA をつくることが知られている．

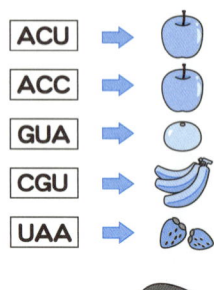

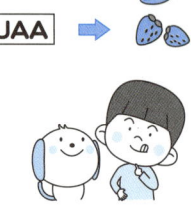

遺伝情報の暗号化

タンパク質合成の情報を伝達するRNAは，<u>3個の連続した塩基の組合わせでアミノ酸を指定している</u>．たとえばACUでトレオニン，CUGでロイシンを指定するという具合である（図1）．

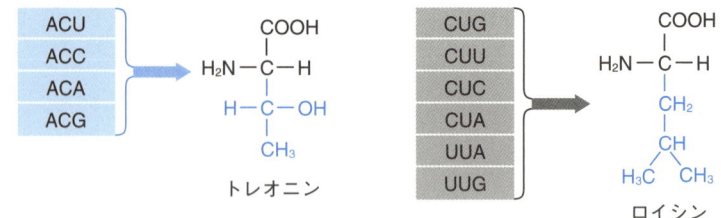

図1　3個の連続した塩基と対応するアミノ酸

RNAは4種類の塩基の組合わせであるから$4^3=64$通りが可能である．このうち，61種類の組合わせが実際に使われている．しかしアミノ酸は20種類であるから，図1のように同じアミノ酸を指定する塩基の組合わせがいくつか存在する．

DNAの情報をもとに，タンパク質合成に関わるRNAには3種類ある．上記のタンパク質合成の情報を伝達するRNAのほかに，この指令にもとづいてアミノ酸を運んでくるRNA，そしてタンパク質合成の工場となるRNAが存在する．

7・6　脂質は細胞膜などをつくる

脂質は水になじまないCH_2部分を多く含み，水には溶けないのが特徴である．

ホルモンとビタミンについては8章で述べる．

脂質は細胞膜やホルモン，ビタミンの原料となり，またエネルギーを貯蔵する役割をもつ．

身近な脂質

食品中の脂質のほとんどは中性脂肪であり，そのほか数%のリン脂質，ごくわずかのコレステロールが含まれている（後述）．

最も身近な脂質としては，植物油や動物の脂肪に含まれるものがある．これらは一般に**中性脂肪**（トリアシルグリセロール）といわれる．図7・19に示すように，中性脂肪はアルコールの一種であるグリセロール（グリセリン）と3個の脂肪酸から水がとれて結合してできたものである．

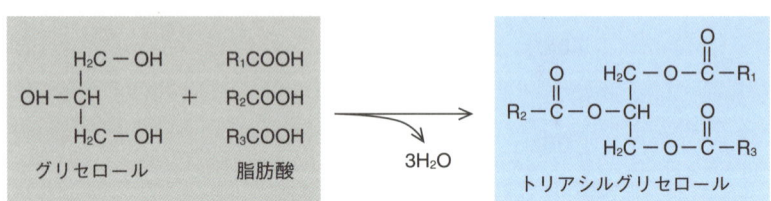

図7・19　中性脂肪（トリアシルグリセロール）

脂肪酸は，炭素と水素からなる長い直鎖状の部分（図中のR）の末端にカルボキシ基COOHがついたもので，炭素鎖部分の二重結合の有無によって二つに分けられる．

単結合だけでできた脂肪酸を**飽和脂肪酸**，二重結合を含むものを**不飽和脂肪酸**という．図7・20には，飽和脂肪酸であるステアリン酸と不飽和脂肪酸であるリノール酸の構造を示した．いずれも18個の炭素原子からなり，リノール酸には2個の不飽和結合が含まれている．二重結合が増えると，分子に折れ曲がりが生じる．

単結合を**飽和結合**，二重結合，三重結合を**不飽和結合**という．
常温で，飽和脂肪酸は固体のものが多く，不飽和脂肪酸は液体である．

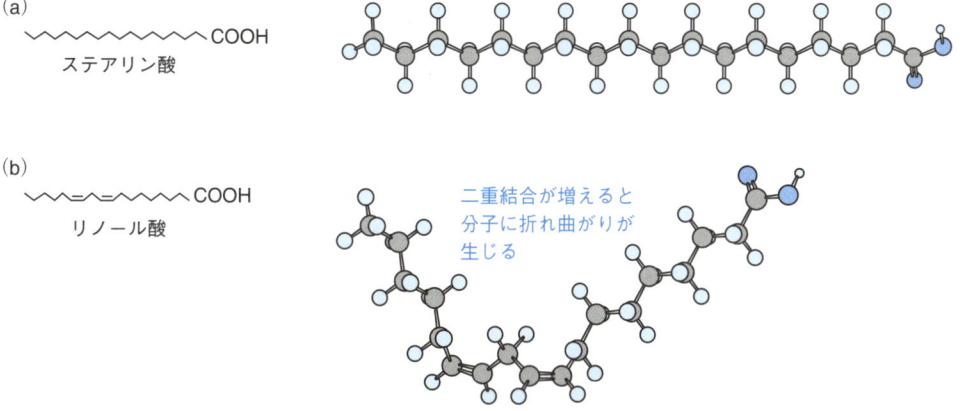

図7・20　飽和脂肪酸と不飽和脂肪酸　(a) ステアリン酸，(b) リノール酸．〇水素，● 炭素，● 酸素

そのほか，四つの環状の骨格をもつステロイドとよばれる脂質もある．その代表的なものが，**コレステロール**である（図7・21）．コレステロールは細胞膜にも含まれ，ホルモン（8・2節）などの原料にもなっている．

天然の不飽和脂肪酸において二重結合はほとんどすべてがシス形になっている（4・4節のコラム参照）．一方，トランス形の二重結合をもつ"トランス脂肪酸"は，マーガリンなどを製造する過程で生成する．

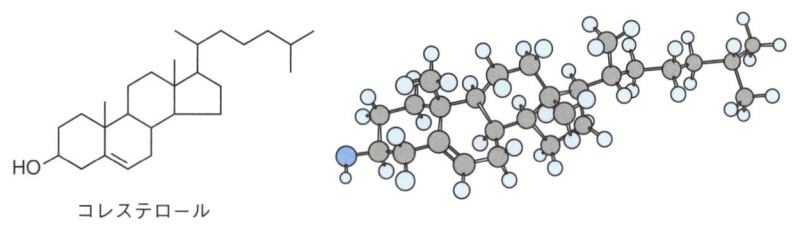

図7・21　コレステロールの構造　〇水素，● 炭素，● 酸素

細胞膜を構成する脂質

7・2節でふれた細胞膜はリン脂質からできている．図7・22は最も簡単なリン脂質を示した．リン酸基1個がついたグリセロールに二つの脂肪酸が結合しており，これを**グリセロリン脂質**という．リン酸基についたXの部分の違いによって，さまざまなタイプのものが存在する．

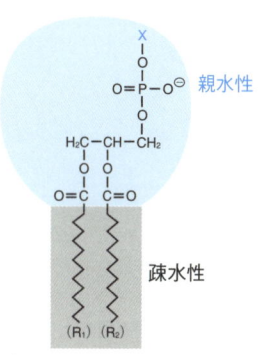

図7・22　リン脂質

リン脂質にはマイナスの電荷をもったリン酸基がついているので，この部分は水になじみやすいが，脂肪酸の炭素鎖は水になじみにくい．このため，リン脂質は二分子膜を形成する（4・6節参照）．

不飽和脂肪酸の分類と表し方

油について「オメガ（ω）」という言葉をよく耳にするが，これは不飽和脂肪酸における二重結合の位置を表している．図1に示すように，炭素鎖のメチル基末端から数えて何番目に"最初"の二重結合が存在するかを表している．3番目で始まるものをω3，6番目で始まるものをω6，9番目で始まるものω9という．

> 最近は，メチル基側の末端を"n末端"として，n末端から数えて，たとえば3番目で始まるものを$n-3$（nマイナス3と読む）と表すほうが一般的になっている．

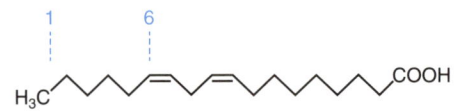

図1　ω系不飽和脂肪酸の表し方　ω6系を例として

図2に示すように，ω3系脂肪酸にはα-リノレン酸，EPA（エイコサペンタエン酸），DHA（ドコサヘキサエン酸）などがある．ω6系脂肪酸にはリノール酸，γ-リノレン酸などがある．ω9系脂肪酸にはオレイン酸などがある．

また，不飽和脂肪酸は炭素の二重結合を一つもつ"1価不飽和脂肪酸"と炭素の二重結合を二つ以上もつ"多価不飽和脂肪酸"に分けられる．前者はヒトの体内でつくれるが，後者はヒトの体内ではつくれない．

> これらの脂肪酸を多く含むものとして，
> α-リノレン酸：エゴマ油，アマニ油
> EPA，DHA：青魚
> リノール酸：コーン油，ダイズ油
> オレイン酸：オリーブオイル，ベニバナ油

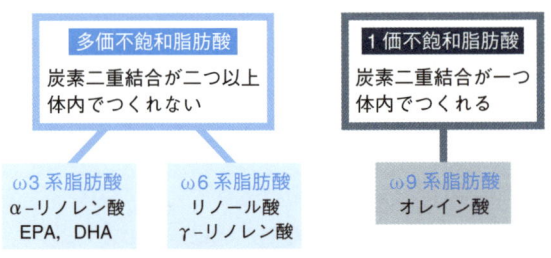

図2　不飽和脂肪酸の分類とω系不飽和脂肪酸

7・7 食物からエネルギーをつくる

生命を維持するには，**エネルギー**が必要である．植物は太陽からエネルギーを得ることができ，"光合成"によって生命活動に必要な物質をつくっている．一方，動物は他の生物を食物として取入れ，エネルギーを得ている．すなわち，食物を分解し，**呼吸**という代謝経路を通じてエネルギーをつくり出している．

> "呼吸"とは一般に，動物が肺などの呼吸器に酸素を取入れ，二酸化炭素を排出する活動をいうが，細胞における酸素消費と二酸化炭素の発生をともなう代謝のことも"呼吸"とよばれている．

食物の分解

エネルギーを生産する原料となる物質には、糖、タンパク質、脂質がある。図7・23は、食物を分解してエネルギーを得るための道筋である。まず、糖はご飯やパンに含まれるデンプンからグルコースに、タンパク質はアミノ酸に、脂質は脂肪酸に分解される。これらの分子はさらに分解され、その過程でエネルギーを生産する。

> 糖の種類や構造については、4・5節でふれた。

> これらの分子は最終的に二酸化炭素と水になる。タンパク質由来の窒素はアンモニアに変化する。アンモニアは毒性をもつので、ほ乳類では尿素に変換され、尿中に排泄される。

> アセチルCoAはアセチル補酵素Aの略称である。補酵素（コエンザイム）とは酵素の活性発現に必要な低分子の有機化合物のことをいう。

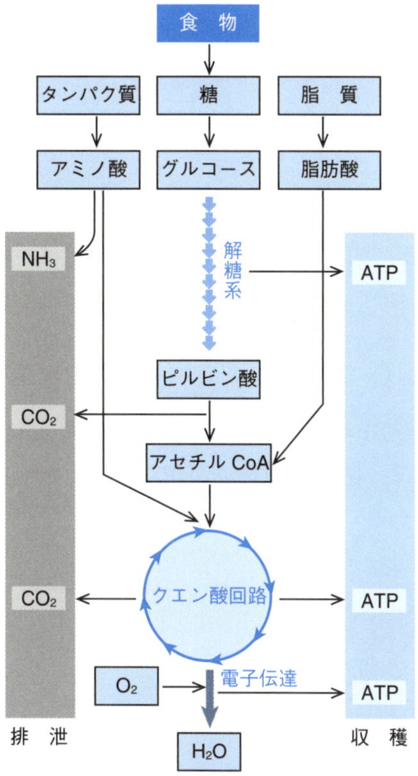

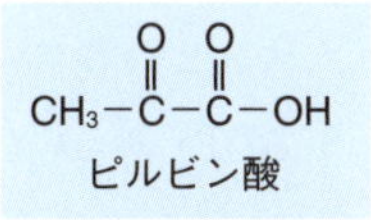

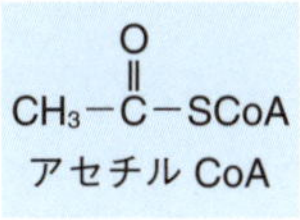

図7・23 食物を分解してエネルギーを得るための道筋

エネルギーをつくる経路

エネルギーを生産する反応は、"解糖系"、"クエン酸回路"、"電子伝達系"である。ここでは、主要なエネルギー源となる糖の場合について見ていこう。図7・23に示したようにグルコースは、まず**解糖系**に入り10段階の反応を経てピルビン酸になり、この過程でエネルギーが生産される。さらに、ピルビン酸はミトコンドリア内でアセチルCoAとなり**クエン酸回路**に入る。まず、アセチルCoAはクエン酸になり、この変化を含めて8段階の反応により少しずつ姿を変え、最終的な生成物が再びアセチルCoAと反応することで、再びクエン酸ができる。このようにクエン酸回

> 個々の反応にはそれぞれに特有の"酵素"が関わっている。

> クエン酸回路は発見者の名前をとって"クレブス回路"ともよばれる。

路では，反応がぐるぐると回転する途中でエネルギーが生産される．

これらの経路で生産されたエネルギーは"ATP"とよばれる分子として貯蔵される（後述）．解糖系では1分子か2分子のATPが，クエン酸回路では1分子のATPができる．

さらに，クエン酸回路から供給される電子は何種類かのタンパク質の間を伝達され，最終的に酸素に渡され，このとき水が生じる．これを**電子伝達系**という．この電子伝達系にともない放出されるエネルギーを利用してADPとリン酸から多くのATPがつくられる．これを**酸化的リン酸化**という．これらの反応はミトコンドリア内膜で行われる．

エネルギーを貯蔵する分子

エネルギーを出し入れするときの，一時的な貯蔵庫の働きをするのが**ATP**（アデノシン三リン酸）である．ATPはアデニンという塩基に糖が結合したアデノシンといわれる骨格に，リン酸が3個結合している（図7・24）．

> アデニン，アデノシンはDNAやRNAの構成要素でもある（7・5節）．
>
> アデノシンにリン酸部分が2個ついたものは**ADP**（アデノシン二リン酸），1個ついたものは**AMP**（アデノシン一リン酸）という．

ATPがADP，あるいはADPがATPに変化することによって，エネルギーの出し入れが可能になる（図7・24）．すなわち，ADPに約 $8\,\text{kcal mol}^{-1}$ だけのエネルギーを与えるとADPはリン酸と反応してATPになり，そのエネルギーがATPに蓄えられる．反対にATPがADPに分解するときには，同じ量のエネルギーが放出される．

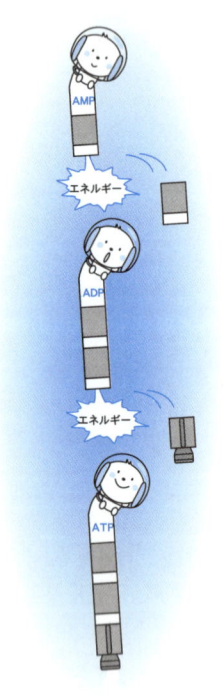

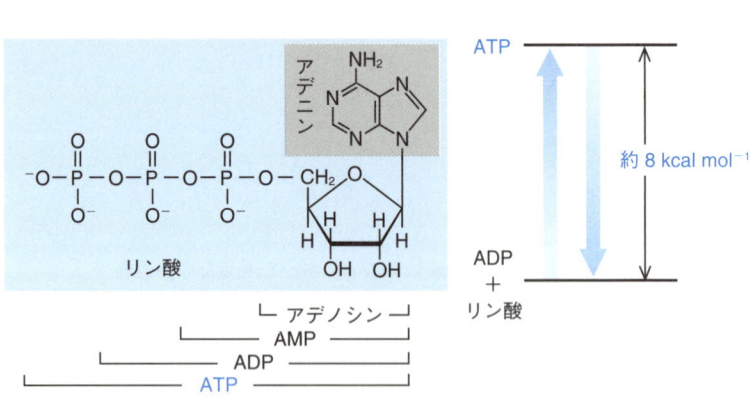

図7・24　ATPの構造とエネルギー

7・8　遺伝子を操作する

生命は自己複製を行い，遺伝によって個体のもつ性質が何世代にもわたって受継がれる．このようなシステムはDNAの指令にもとづいており，生命が地球上に誕生して以来，非常に長い時間をかけて獲得したものである．現在では，DNA（遺伝子）を人為的に操作するさまざまな技術が発

食べ物に含まれるエネルギー

食品が入っている容器や包装には「エネルギー○○ kcal」などの表示がなされている．食品におけるエネルギーは，食品中に含まれる糖（炭水化物），タンパク質，脂質を完全に燃焼させたときに生じる熱量（単位はカロリー）で表される．

ここでは，グルコースから生じるエネルギーがどれくらいになるのか考えてみよう．1モルのグルコースの燃焼（酸化反応）

$$C_6H_{12}O_6 + 6O_2 \longrightarrow 6CO_2 + 6H_2O$$

において，およそ 2870 kJ mol^{-1} のエネルギーが発生する．

グルコースのモル質量は 180 g mol^{-1} であるから，グルコース1gあたりに発生するエネルギーは，

$$\frac{2870 \text{ kJ mol}^{-1}}{180 \text{ g mol}^{-1}} = 15.9 \text{ kJ g}^{-1}$$

となる．4.18 kJ = 1 kcal であるので，グルコース1gあたり発生する熱量はおよそ 3.80 kcal となる．

糖は脂質やタンパク質よりもエネルギー源として使用されやすい．タンパク質1gあたりに発生する熱量は糖の場合とほぼ同じであり，脂質の場合は 9 kcal 程度になる．

達している．ここでは，その一端にふれてみよう．

遺伝子組換え

遺伝子は遺伝情報を担う基本単位であり，実体としてはDNAの特定領域（塩基配列）のことをさす．したがって，本来その生物がもたないDNA（遺伝子）を一部組込んだり，置き換えたりすることによって，個体や種が新しい性質を獲得できる．このような技術を**遺伝子組換え**という．

目的の遺伝子を導入する方法はいくつか開発されているが，ここでは植物において最も一般的な方法について紹介する．図7・25に示すように，

遺伝子組換えによって，除草剤に耐性をもつ植物，病原菌，害虫や寒さに抵抗性をもつ植物，栄養価の高い成分を多く含む植物や，青いバラのように珍しい色の花などが開発されている．さらには，微生物などに医薬品を生産させることも実現されている．

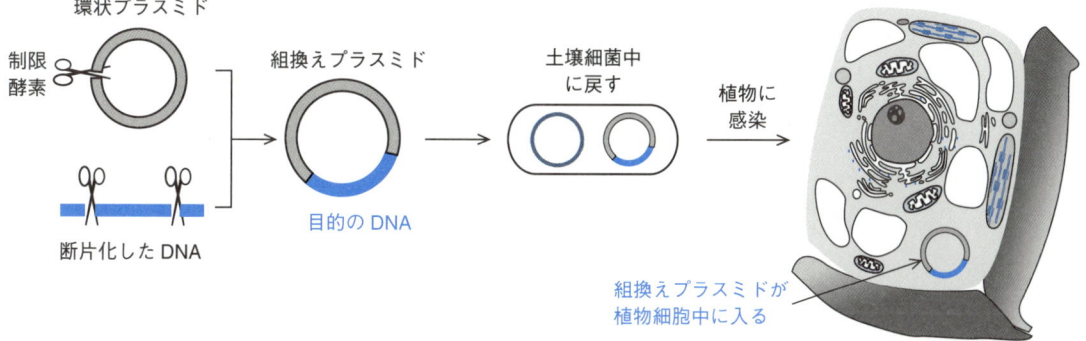

図7・25 遺伝子組換えの手順 植物細胞の場合

制限酵素はDNAの特定の塩基配列を認識し切断する酵素であり、いわば遺伝子を切る"はさみ"のようなものである．

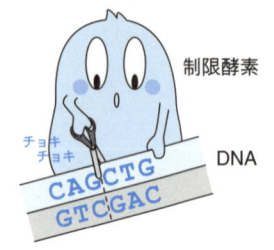

自然界ではまれに，DNAの複製のさいにエラーが生じ，塩基配列の欠失，置換，挿入が起こる．このようなDNAの変化を"突然変異"という．

ある土壌細菌のもつ環状の小さなDNA（プラスミドという）を"制限酵素"で切断し，さらにある種の酵素で処理をして目的の遺伝子を組込み，土壌細菌の中に戻す．そして，この土壌細菌を植物（組織片）に感染させると，プラスミドが細胞の中に入り込み，その結果，目的の遺伝子が細胞の核に導入される．その後，遺伝子導入した組織片を，特別な処理をした培地で養うと遺伝子組換え植物が得られる．

ゲノム編集

ゲノムはDNAに書き込まれたすべての遺伝情報（遺伝子）のことであり，いわば『生命の設計図』にあたる．この遺伝子DNAを酵素によって狙った箇所で人工的に切断し，自然に修復されることを利用して，塩基配列の一部を取除いたり，置き換えたり，新たな配列を挿入したりする．こ

---

iPS 細 胞

私たちはたった1個の"受精卵"から始まる．受精卵は細胞分裂を繰返して，さまざまな組織や臓器となる細胞の集まりに変化する．このような細胞を**幹細胞**という．やがて，これらのある細胞は皮膚に，ある細胞は神経に，ある細胞は筋肉に…，というように別々の運命をたどり始める．このように，細胞が特定の形態や機能をもつことを**分化**という．そして，いったん分化をはじめた細胞は，他の細胞に変化することはない．

2006年，山中伸弥はいったん分化をはじめた細胞に，四つの遺伝子を導入することで，いわば，細胞の時間を巻き戻して，受精卵のように初期化された幹細胞をつくり出すことに成功した（図1）．これを**iPS細胞（人工多能性幹細胞）**という．iPS細胞はさまざまな組織や臓器に分化し，ほぼ無限に増殖する能力をもつ．iPS細胞を利用して組織や臓器を再生し，病気の治療や新薬の研究開発などに役立つことが期待されている．

この業績により，山中伸弥は2012年にノーベル医学・生理学賞を受賞した．

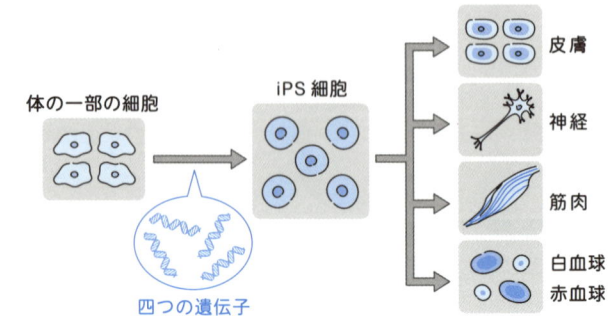

図1 iPS細胞の作製方法

のような原理にもとづいた技術を**ゲノム編集**という（図7・26）.

ゲノム編集は2020年度のノーベル化学賞の受賞対象となった．

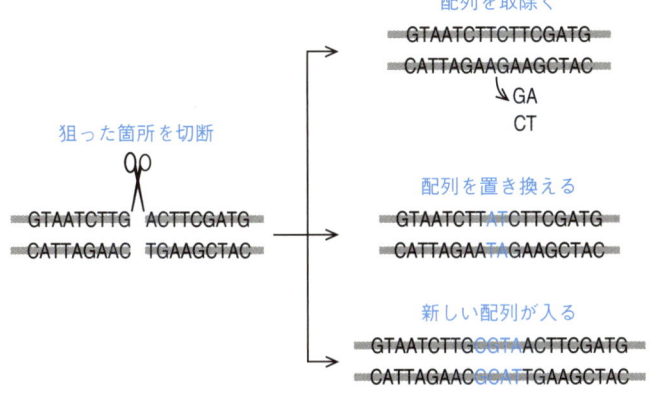

図7・26　ゲノム編集の基本原理

　ゲノム編集の特徴としては，遺伝子組換えのように外部から遺伝子を導入せずに，新しい性質を獲得することができ，目的の遺伝子をほぼ確実に編集できて，しかも短時間で効率良く操作できる，などがあげられる．

遺伝子組換え技術では，遺伝子の導入や培養による植物の再生が確実に成功するわけではなく，また，長い時間と多大な労力が必要となる．

章末問題

7・1　生命に共通する特徴について，① 細胞，② 遺伝，③ エネルギーをキーワードとして，三つあげよ．

7・2　ウイルスは生命であるか，それとも生命でないかを，問題7・1の答えをもとに考えよ．

7・3　細胞小器官である核，小胞体，ゴルジ体，ミトコンドリアの役割を例えるならば，① 生産部，② 発電所，③ 中央指令室，④ 運送部のいずれに相当するか．

7・4　つぎの文の空欄に適切な語句や数字を入れて完成せよ．
タンパク質はアミノ酸という物質が多数結合してできた巨大な高分子である．アミノ酸は　①　基と　②　基をもち，真ん中の炭素にはそのほかに，水素と　③　がついている．この　③　の違いによって，アミノ酸の種類が異なる．生体を構成するアミノ酸は　④　種類に限られる．これらアミノ酸の　①　基と　②　基の間で水がとれて結合したものがタンパク質であり，このような結合を　⑤　という．

7・5　タンパク質の立体構造のもとになる2種類の基本構造単位の名前をいえ．

7・6　酵素には二つの特異性がある．それぞれについて簡潔に説明せよ．

7・7　DNAおよびRNAについて，以下の問いに答えよ．
a)　DNAの自己複製について，"相補的"という言葉を用いて簡潔に説明せよ．

b) DNA と RNA の基本構成単位である糖と塩基には，どのような違いがあるか．

c) DNA の二重らせん構造において，水素結合で結ばれている塩基どうしの"相性"について説明せよ．

d) DNA の遺伝情報をもとにタンパク質合成の情報を伝達する RNA が個々のアミノ酸を指定する仕組みについて簡潔に説明せよ．

7・8 中性脂肪は2種類の物質から構成されている．それぞれの名前をいえ．

7・9 不飽和脂肪酸とは何か．

7・10 食物においてエネルギー源となる物質を三つあげよ．また，それらの物質は最終的に何になるか．

7・11 生体内でエネルギーを貯蔵する物質の名前をいえ．また，その分子1モルは何 kcal のエネルギーを蓄えることができるか．

7・12 脂肪酸の一種であるステアリン酸の酸化反応（燃焼）

$$C_{18}H_{36}O_2 + 26\,O_2 \longrightarrow 18\,CO_2 + 18\,H_2O$$

において発生するエネルギーは 11300 kJ mol^{-1} である．ステアリン酸1g あたり発生する熱量（kcal）を求めよ．ただし，4.18 J＝1 kcal とする．

7・13 遺伝子組換えとゲノム編集の違いについて簡潔に述べよ．

8 健康と化学

毎日の生活をすこやかで快適に過ごすには，化学的な視点から私たちの健康について考えることも大切である．ここでは，化学物質がどのように健康に役立ち，人体にどのような影響を与えるかについて見ていこう．

8・1 医薬品

ケガをして痛いとき，病気になって苦しんでいるとき，それを救ってくれるのは医薬品である．医薬品のほとんどは，症状の改善を目的とする対処療法に利用される．

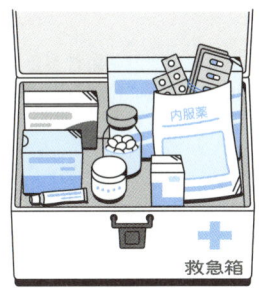

救急箱

薬の発見

太古の昔，人類は薬をもっておらず，自然治癒力に頼る以外なかった．病気やケガとの闘いを重ねるうちに，熱が出たときにはこの植物を飲むなど，症状にあわせて有効な薬が経験的にわかってきた．やがて，このようにして自然界から選び出された"生薬"についての研究がさかんになると，その有効成分が取出されて**医薬品**として利用された．そして，現在ではさまざまな医薬品が人工的につくり出されている．

抗生物質

自然界から発見された画期的な医薬品として抗生物質がある．**抗生物質**とは，細菌などの微生物が生産し，他の微生物の生育を抑制したり，死滅させたりする物質のことをいう．

最初に発見された抗生物質は**ペニシリン**である（図8・1）．ペニシリンはアオカビ（ペニシリウム）の一種から発見され，細菌の細胞壁を合成する"酵素"の働きを阻害する作用がある．これは，図に示したペニシリン

ペニシリンは1928年に発見された．イギリスの微生物学者が細菌を培養していたとき，培養皿に青カビが繁殖したが，その繁殖した周囲だけ細菌が生育しないことに気づいたことがきっかけとなった．

の青色の部分が，酵素中の特定の部分と構造が似ているため，細菌が間違ってペニシリンを取込むために起こる．現在までに，さまざまな抗生物質が発見され，医療現場で用いられている．

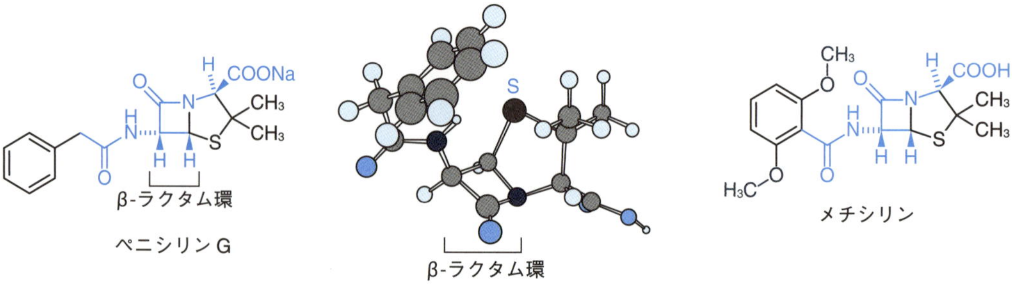

図8・1 ペニシリン系抗生物質 青色の部分が細菌の細胞壁をつくる酵素の特定の部分の構造と似ている．○水素，●酸素，●炭素，●窒素

抗生物質を繰返し使用していると，抗生物質に耐性のある菌が現れる．このような耐性は，たとえばペニシリンにおいては，耐性菌が β-ラクタム環を分解する酵素を分泌するために生じる．そこで，β-ラクタム環を保護するために，そのまわりをかさ高くして立体的な障害を増やした**メチシリン**が開発された．しかし，残念なことに数年で耐性菌が出現している．

現在でもメチシリン耐性黄色ブドウ球菌（MRSA）による院内感染が問題となっている．

合成医薬品

人工的につくり出された医薬品の先がけとして，有名なものに解熱鎮痛剤として用いられる"アスピリン"がある．古代ギリシャ時代から柳の小枝には痛みを和らげることが知られていた．この柳に含まれる有効成分を純粋な形で取出すことに成功したのは 19 世紀末であり，"サリチル酸"という単純な化合物であった（図8・2）．

日本でも，江戸時代には虫歯が痛むと柳の小枝を噛んだという．

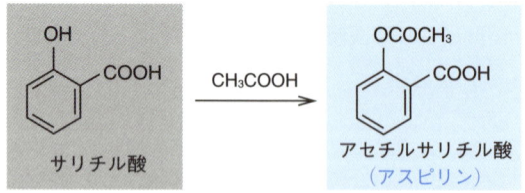

図8・2 アセチルサリチル酸（アスピリン）の合成

ところが，サリチル酸を飲むと胃に穴が開くという副作用が生じた．それを軽減させるため，サリチル酸と酢酸を反応させて合成した**アセチルサリチル酸**が開発され（図8・2），"アスピリン"という商品名で販売された．体の中で炎症が起こると，痛みのもとになる物質がつくり出される．その

アスピリンは現在でも広く利用されている．

なかでも，プロスタグランジンとよばれる物質には体温の上昇と痛みを増強する作用がある．アスピリンはこのプロスタグランジンを合成するのに必要な酵素の働きを阻害する．

プロスタグランジンE_2

8・2　微量で働く物質──ビタミン，ミネラル，ホルモン

私たちは生きるために，炭水化物（糖），タンパク質，脂肪という"三大栄養素"のほかに，微量であるが不可欠な物質としてビタミン，ミネラル，ホルモンがある．

ビタミン

ビタミンは有機化合物であり，ヒトが合成できない，あるいは合成できても必要量に満たないため，食物などから摂取する必要がある．ヒトにとって必須なビタミンは13種類が知られている．水に溶けない**脂溶性ビタミン**が4種類，水に溶ける**水溶性ビタミン**が9種類ある（表8・1）．水溶性ビタミンは尿中に排泄されるため，欠乏症になりやすく，その種類によって特有の症状が現れる．一方，脂溶性ビタミンは欠乏症になりにくいが，過剰に摂取するのも良くない．

表8・1　ビタミンの種類

脂溶性ビタミン 　ビタミンA，ビタミンD（D_2とD_3），ビタミンE， 　ビタミンK（K_1とK_2）
水溶性ビタミン 　ビタミンB_1，ビタミンB_2，ビタミンB_6，ビタミンB_{12}， 　ビタミンC，ナイアシン，葉酸，パントテン酸，ビオチン

ここでは，いくつかのビタミンについて紹介しよう（図8・3）．

脂溶性ビタミン

ビタミンA　レバー，ウナギ，バター，チーズ，卵黄などに多く含まれるが，緑黄色野菜に含まれる成分を摂取すると体内で合成される．伝染病に対する抵抗力をつけ，夜盲症など，目の疾病に有効である．

ビタミンD　牛乳，卵黄，しらす干し，きのこ類などに含まれ，カルシウムの代謝に関与する．そのため，欠乏すると骨などの発育不全となり，骨軟化症などになる．

ビタミンE　植物油，アーモンド，落花生，マーガリンなどに含まれ，脂質の過酸化抑制など，抗酸化作用がある．不妊治療などにも用いられる．

水溶性ビタミン

ビタミンB_1　強化米，小麦胚芽，大豆，ゴマ，豚肉などに含まれ，糖の代謝を促進する．不足すると，脚気や神経炎になる．

ビタミンC　果物，野菜，緑茶などに含まれ，皮膚や骨などを構成する繊

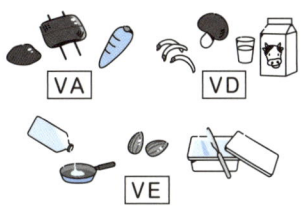

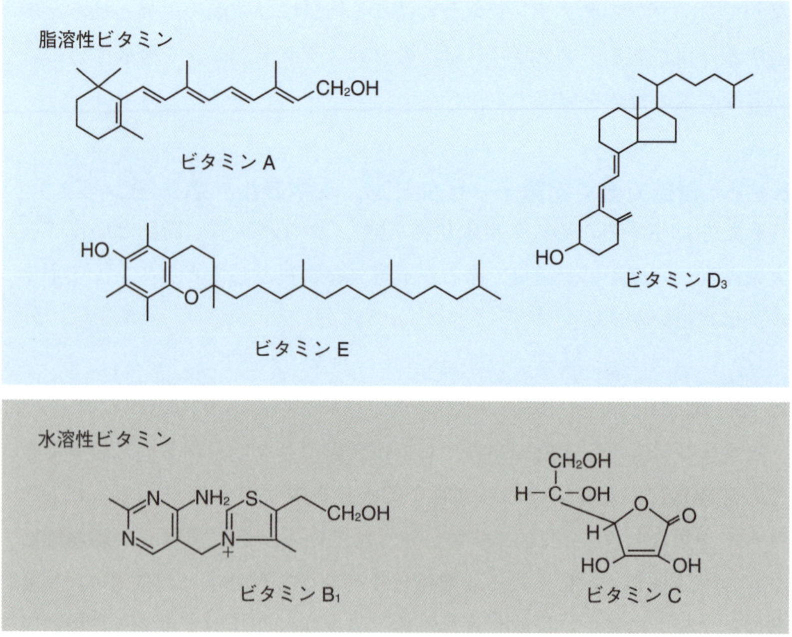

図 8・3　いくつかのビタミン

維状タンパク質であるコラーゲンの生成に必須であり、抗酸化作用をもつ．不足すると，壊血病や口内炎になる．

ミネラル

ヒトの体を構成する元素のうち，主要なものは炭素，水素，酸素，窒素であり，それ以外の元素を**ミネラル**（無機質）といい，体内に比較的多く含まれるものを**多量ミネラル**，微量（成人で 10 g 以下）であるものを**微量ミネラル**という（表 8・2）．ミネラルは体内で合成できないので，食物などから摂取する必要がある．それぞれのミネラルには特有の働きがある．ここでは，いくつかの元素について紹介しよう．

> これらの四つの元素で全質量の大部分を占める．

> 摂取量を基準にすると，1 日に 100 mg 以上のものが "多量ミネラル"，100 mg 未満のものが "微量ミネラル" となる．

> 生物の遺骸を燃やした後に残る "灰" はミネラルの酸化物，あるいは酸化物がさらに二酸化炭素と反応してできた炭酸塩からなる．

表 8・2　ミネラルの種類

多量ミネラル
カルシウム Ca, カリウム K, ナトリウム Na, マグネシウム Mg, リン P, 塩素 Cl, 硫黄 S
微量ミネラル
亜鉛 Zn, 鉄 Fe, 銅 Cu, ヨウ素 I, マンガン Mn, セレン Se, モリブデン Mo, クロム Cr, コバルト Co, フッ素 F

カルシウム Ca　骨や歯などの硬組織に含まれる．筋肉，神経，心臓が正常に働くように調節する．小魚，乳製品，海藻類，ホウレンソウなどに含まれる．
カリウム K　血圧や心筋収縮の調節，神経伝達などの働きがある．不足す

ると疲労感や高血圧などの症状が現れる．緑黄色野菜，豆類，海藻類などに含まれる．

ナトリウム Na　血圧や心筋収縮の調節，神経伝達などの働きがある．過剰に摂取すると高血圧になる．食塩，味噌，醤油などの調味料，漬物，肉や魚などの加工品などに含まれる．

マグネシウム Mg　骨や歯などに含まれる．エネルギー代謝やタンパク質合成などの酵素反応を促進する．穀物類，豆類，海藻類，ココアなどに含まれる．

亜鉛 Zn　抗酸化や核酸合成などに関わる酵素に含まれる．牡蠣，牛肉，卵，豆類などに含まれる．

鉄 Fe　血液中のヘモグロビン，筋肉中のミオグロビンなどに含まれる．不足すると貧血になる．レバー，肉類，卵黄，ひじき，大豆などに含まれる．

> ヘモグロビンとミオグロビンについては図7・9参照．

ホルモン

　生命を維持するためには細胞や組織が協調して働かなければならない．ホルモンは内分泌器官や神経細胞，心臓，胃や腸，脂肪組織などの細胞でつくられる化学物質である．① 血液を通して標的となる器官や組織，あるいは② 直接的に近隣の細胞や③ ホルモンをつくる細胞自身に作用して，特有の機能を発揮し，細胞間の情報伝達を担う役割をもつ．

> 内分泌器官（腺）には，脳下垂体，甲状腺，副甲状腺，副腎，膵臓，卵巣，精巣などがある．

　ホルモンはビタミンとは異なり，体内で合成できる．現在，ヒトの体の中では100種類以上あるといわれている．表8・3にいくつかのホルモンとその作用を示した．ホルモンは大きく二つの種類に分けることができる．一つは，脂溶性の**ステロイドホルモン**である．もう一つは，水溶性の**アミノ酸誘導体**や**ペプチドホルモン**である．これらのうち，ステロイドホルモンの例として男性ホルモン（テストステロン），アミノ酸誘導体とし

> ステロイドホルモンはコレステロール（図7・21）からつくられる．
>
> ペプチドホルモンはアミノ酸（7・3節）が多数結合してできたものである．

表8・3　いくつかのホルモンとその作用

場　所	ホルモン	おもな作用
脳下垂体	成長ホルモン	体の成長を促す
	刺激ホルモン（各種）	内分泌器官からの各種ホルモンの分泌促進
甲状腺	甲状腺ホルモン	代謝機能の調節
副腎（髄質）	アドレナリン	血糖値・血圧の上昇
（皮質）	糖質コルチコイド	糖代謝
	鉱質コルチコイド	ナトリウムとカリウムの代謝
膵　臓	インスリン	血糖値の減少
	グルカゴン	血糖値の増加
胃	グレリン	食欲の促進
心　臓	心房性ナトリウム利尿ペプチド	利尿作用（水やナトリウムの排出促進）
精　巣	テストステロン	精子産生，二次性徴の発現
卵　巣	エストロゲン	子宮内膜調整，二次性徴の発現
	プロゲステロン	妊娠維持，体温調節
脂肪組織	レプチン	食欲の抑制

> 脳の視床下部からは，脳下垂体からの各種ホルモンの分泌を促進する各種ホルモンなどが放出される．
>
> プロゲステロンの構造についてはp.116の側注を参照．

てアドレナリンの構造を図8・4に示した．

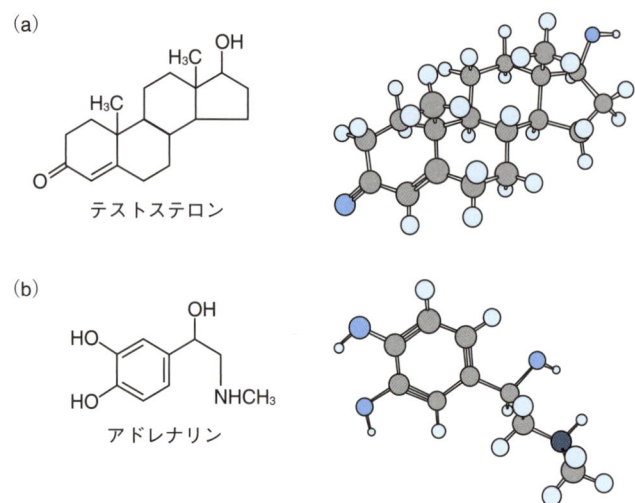

図8・4　男性ホルモン（テストステロン）とアドレナリン
○水素，○酸素，●炭素，●窒素

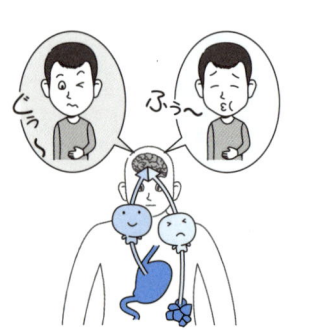

8・5　ホルモンと受容体
水溶性ホルモンの場合

ホルモンは**受容体**（タンパク質）と結合することで，情報伝達物質を放出させ，細胞に新たな応答をひき起こす（図8・5）．水溶性ホルモンは細胞膜上の受容体，脂溶性ホルモンは細胞の核内にある受容体と結合する．ホルモンと受容体の関係は，基質と酵素の関係と同様に特異性がある（7・4節）．

食欲を調節するホルモン

腹がすけばぐぅ～と鳴り，腹いっぱいになればふぅ～と息をつく．食欲もホルモンによって調節されている．その中枢は脳の奥深くの視床下部にあり，そこから分泌されるペプチドホルモンがいくつか見つかっている．そのほか，体の"脂肪細胞"から食欲を抑える**レプチン**というペプチドホルモンが，"胃"から食欲を促進する**グレリン**というペプチドホルモンが分泌され，視床下部に作用し，これらのペプチドホルモンが複雑にからみ合って，食欲を調節していることがわかっている．

8・3　麻薬と覚せい剤

麻薬や覚せい剤を乱用すると，快楽や陶酔感などを生じ，次第に幻覚などの症状が現れ，正常な判断力を失う．両者ともに強い習慣性があり，気づいたときには心身ともに病んだ状態に陥っている．特に，麻薬は一度やめると耐えがたい禁断症状に襲われる．

8・3 麻薬と覚せい剤

麻薬には天然の植物由来と人為的に合成されたものがある．天然から得られるものとして，アヘンなどがある．**アヘン**はケシの実から採取した汁を乾燥したものである．これを化学的に精製分離したものが**モルヒネ**や**コデイン**であり，さらにモルヒネを無水酢酸で処理すると**ヘロイン**になる（図8・6）．

合成麻薬にはLSDやMDAM（俗称エクスタシー）などがある．

モルヒネは強い鎮痛作用があり，手術後の痛みやがん性疼痛の緩和などの目的で，医療現場で使われている．

	R	R'
モルヒネ	OH	OH
ヘロイン	OCOCH$_3$	OCOCH$_3$
コデイン	OCH$_3$	OH

図8・6　アヘン由来の麻薬

覚せい剤の代表的なものとして，**アンフェタミン**と**メタンフェタミン**がある（図8・7）．これは喘息の治療などに用いられ，漢方薬に含まれる麻黄（マオウ）の有効成分であるエフェドリンをもとに偶然つくり出された．

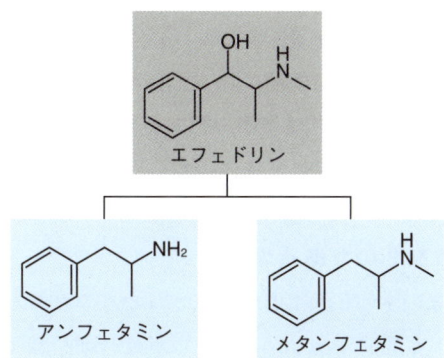

図8・7　覚せい剤の例

つぎに，覚せい剤などの使用により，どのようにして興奮状態になるのか，その仕組みについて簡単に見てみよう．

私たちの体には複雑な神経系が網の目のように張り巡られている．この神経系は細長い神経細胞（ニューロン）からなる．この一つの神経細胞内での情報伝達は"電気信号"によって行われる．一方，神経細胞の間で情報伝達の役割を果たすのが，**神経伝達物質**という"化学物質"であり，さまざまなものがある．神経細胞の末端に情報が到達すると，末端部分から神経伝達物質が放出され，別の神経細胞の受容体に結合することによって情報伝達が行われる（図8・8）．

覚せい剤による快感や興奮状態は，脳内において"ドーパミン"という

細胞の内側にはカリウムイオンK^+が多く，細胞の外側にはナトリウムイオンNa^+が多く存在している．この濃度の変化を利用して，神経細胞は"電気信号"を発生する．

ドーパミンは快楽，運動や学習能力，ホルモン作用の調節などに関わっている．

神経細胞どうしは離れており、シナプスとよばれる小さなすき間が存在している。このシナプスを通じて"化学物質"による情報伝達が行われる。

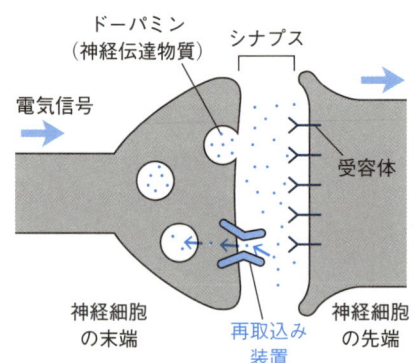

図8・8 覚せい剤の作用 神経伝達物質（この場合ドーパミン）の再取込み装置の働きを阻害し、過剰に放出される

神経伝達物質が過剰に放出されることで起こる。神経細胞の末端には、ドーパミンが過剰に放出されないように再取込みをして、もとの神経細胞に戻す役割をする装置が備わっている（図8・8）。覚せい剤はこの装置の働きを妨害し、その結果、大量のドーパミンが放出される。

8・4 身のまわりの毒

毒は生物にとって害になる物質である。生物によって毒が与える影響は異なり、たとえばヒトには無害であっても別の生物にとっては毒となり、また、その逆になる場合もある。

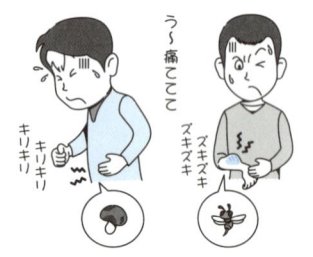

微生物の毒については8・6節で、食品に含まれる毒については8・5節でふれる。

毒にはどのようなものがあるの？

毒には天然由来のものと人工的に合成されたものがある。前者には動植物や微生物の毒、鉱物毒があり、後者には覚せい剤や麻薬、農薬、食品に含まれる毒、工業的につくられた毒など、いろいろとある。

また、毒の作用の仕方によっても分類でき、大別して三つの種類がある。

① **神経毒** 神経細胞における情報伝達を阻害して神経や筋肉の麻痺を起こし、痙攣や呼吸困難などをもたらす。

② **血液毒** 赤血球や血管壁を傷害し、腫れや出血、激痛や吐き気などをもたらす。

③ **細胞毒** 遺伝を担うDNAに損傷を与えたり、タンパク質の合成などを阻害する。発がんや生殖異常などをもたらす。

生物がつくる毒

生物がつくる毒にはさまざまなものがあり、毒を生産する動物にとっては身を護る役割や餌をとるための道具であったりする。ここでは、いくつ

かの例を紹介しよう．

植物毒

- トウゴマ（ヒマ）の種子に含まれる**リシン**はタンパク質からなる細胞毒であり，花をつける顕花植物中で最強の毒といわれている．
- キンポウゲ科のトリカブトに含まれる**アコニチン**は神経毒であり（図8・9），日本三大毒草として知られ，矢毒として用いられた．

> タンパク質は加熱すると変性するため（10・3節），リシンは加熱により無毒化される．

> アイヌ民族では，クマを神に捧げるために，アコニチンを塗った毒矢でクマを殺すという儀礼がある．

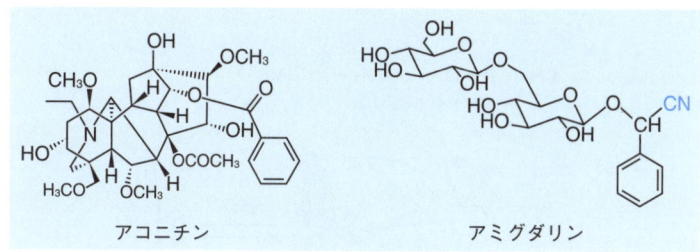

図8・9　植物毒の例

- ウメやアンズなどの未成熟の果実や種子などに含まれる**アミグダリン**は糖の部分が切り離されると猛毒の青酸（シアン化水素 HCN の水溶液）が生じる（図8・9）．この CN^- イオンが細胞のミトコンドリアにある酵素中の鉄イオンに結合し，電子伝達系（7・7節）を阻害するため，ATPの生産が低下し，細胞の呼吸が停止する．

動物毒

動物毒には，フグ毒，貝や魚の毒，ハチ毒，ヘビ毒，昆虫の毒など，さまざまなものがある．ここではいくつかに絞って見てみよう．

- フグ毒である**テトロドトキシン**は一部の種類のフグがもっている神経毒であり（図8・10a），特に肝臓と卵巣に多く含まれている．フグ毒はフグ自身がつくり出すのではなく，海洋に棲む細菌によりつくられ，食物連鎖によってさまざまな生物に蓄積されたことがわかっている（図8・10b）．
- ニホンマムシの毒液にはいくつかの成分が含まれ，基本的には血液毒である．血液凝固を阻害する酵素を含み，出血を誘発する．

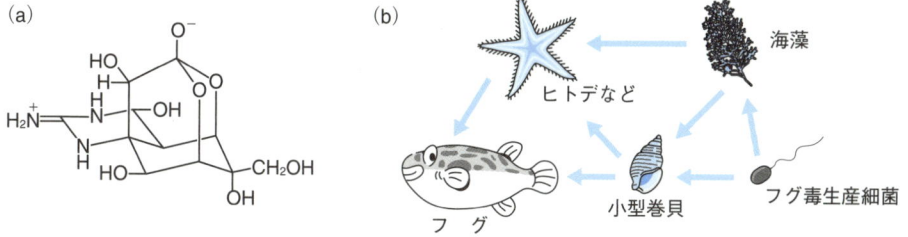

図8・10　フグ毒　(a) テトロドトキシン，(b) フグ毒は細菌が生産し，食物連鎖によってフグに蓄えられる

8. 健康と化学

神経毒とサリン

農薬などに利用される有機リン化合物は神経毒であり，神経伝達物質（この場合はアセチルコリン）を分解する酵素の働きを阻害する（図1）．そのため，アセチルコリンが筋細胞上の受容体に結合したままとなり，神経の興奮状態が続き，麻痺状態となり，呼吸障害などを起こし，死に至ることもある．

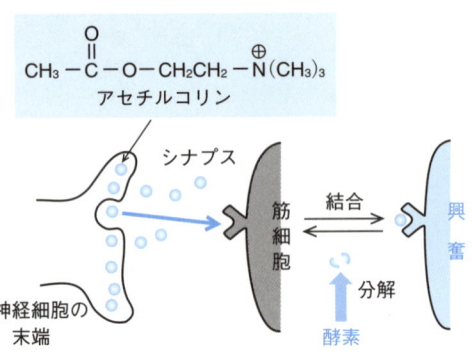

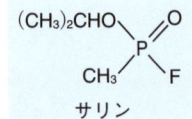
サリン

図1 シナプスでの情報伝達

地下鉄サリン事件などに用いられた"サリン"は有機リン化合物であり，同様の作用によって強い毒性を発揮する．サリンは第二次世界大戦の直前にヒトラー率いるナチスにより開発された神経毒ガスである．

毒の強さの指標

毒の強さの指標となるものに**半数致死量（LD_{50}）**がある．これは毒を体内に取込んでしまい，すぐに症状が現れる急性毒性の場合の指標である．マウスやラットなどの実験動物に毒を与え，その半数（50％）が死亡し

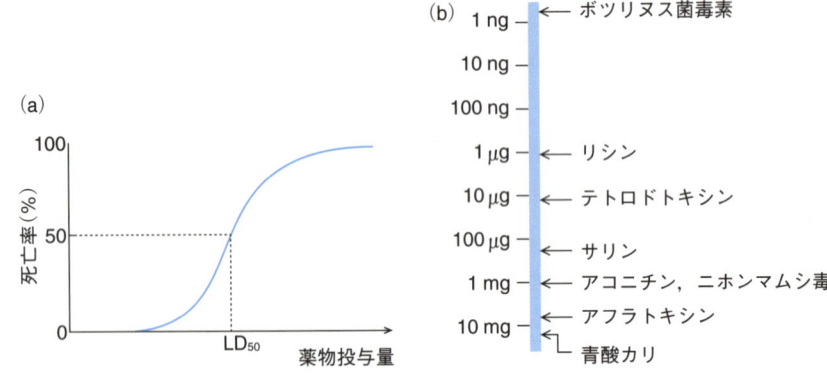

図8・11 半数致死量（LD_{50}）　(a) 薬物投与量と死亡率の関係，(b) LD_{50} の例

た量が LD_{50} にあたる（図8・11a）．通常，動物の体重1 kgあたりの重量で表す．図8・11(b)には，いくつかの毒の LD_{50} を示した．同じ毒でも実験動物の種類によってかなり値が異なる場合がある．

体重50 kgの動物であれば50倍した値となるが，動物によって異なるので，ヒトにとってはあくまでも参考値であることに注意しよう．

8・5 食の安全と化学物質

食物は私たちの体をつくり，エネルギーとなって生命活動を支える．私たちの健康を守るためにも，どのような化学物質が食品に加えられているかを知ることは大切である．

食品添加物

食品には，さまざまな目的で化学物質が加えられている．このような化学物質を**食品添加物**という（表8・4）．これらは天然由来のものと，人工的につくり出されたものがある．おもに，① 食品を製造したり，加工したりするさいに必要なもの，② 食品の保存性を向上させ，病原菌などの汚染を防ぐもの，③ 味や香り，色をつけるもの，④ 栄養成分を強化するもの，などがある．

表8・4 食品添加物の種類と用途

種類	用途	代表的な添加物
着色料	食品を着色する	タール系色素，天然着色料
発色剤	肉類の紅鮮色を保つ	亜硝酸ナトリウム，硝酸ナトリウム
調味料	食品にうま味を与える	L-グルタミン酸ナトリウム
甘味料	食品に甘味を与える	サッカリン，アスパルテーム，スクラロース
酸味料	食品に酸味を与える	クエン酸
保存料	カビや細菌などの発育を抑制し食品の保存性を高める	安息香酸エステル，ソルビン酸カリウム
殺菌剤	食品や飲料水を殺菌する	過酸化水素，次亜塩素酸ナトリウム
防カビ剤	柑橘類などのカビを防止する	オルトフェニルフェノール，ジフェニル
酸化防止剤	油脂などの酸化を防止する	ビタミンE，EDTA，エリソルビン酸
乳化剤	水と油を均一に混合する	グリセリン脂肪酸エステル，レシチン
pH調整剤	食品の酸性度を調節する	リンゴ酸，クエン酸，乳酸ナトリウム
栄養強化剤	食品の栄養を強化する	ビタミン類，炭酸カルシウム，アミノ酸類

個々の食品添加物についての説明は省略するが，よく知られている人工甘味料と調味料について紹介する．"人工甘味料"のアスパルテームはフェニルアラニンとアスパラギン酸という二つのアミノ酸が結合したものであり，スクラロースは砂糖（スクロース，図4・13）の8個のOH基のうち3個が塩素Clに置き換わっている（図8・12）．"調味料"のグルタミン酸ナトリウムはアミノ酸の一種であるグルタミン酸（図7・6）のナトリウム塩である．

アスパルテームは砂糖（スクロース）の200倍，スクラロースは600倍の甘さをもつ．

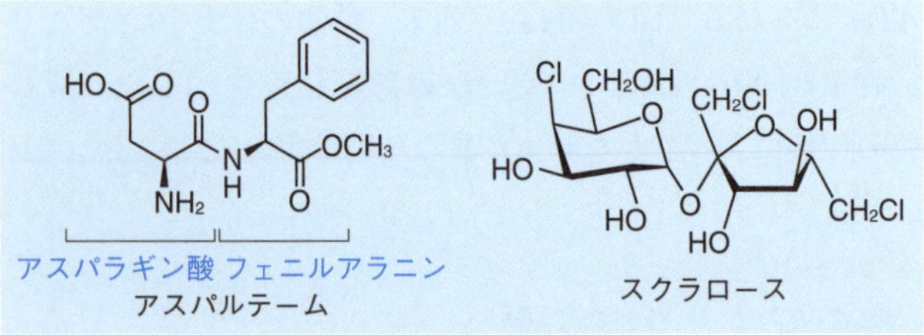

図 8・12　人工甘味料の例

食 の 安 全

食品添加物の安全性はさまざまな試験により確認されている．しかし，人体に有害であると疑われるものも存在する．いくつかの例を図 8・13(a) に示した．柑橘類の防カビ剤であるオルトニトロフェノール，殺菌剤である過酸化水素 H_2O_2，酸化防止剤であるブチルヒドロキシアニソールなどは，発がん性が確認されている．また，発色剤や食中毒防止に使われている亜硝酸ナトリウム $NaNO_2$ はそれ自身には発がん性がないが，肉や魚のタンパク質中に含まれる特定の物質と結合すると，ニトロソアミンという発がん物質を生じる．

<small>このため，食品添加物は対象となる食品と使用量が厳密に定められている．</small>

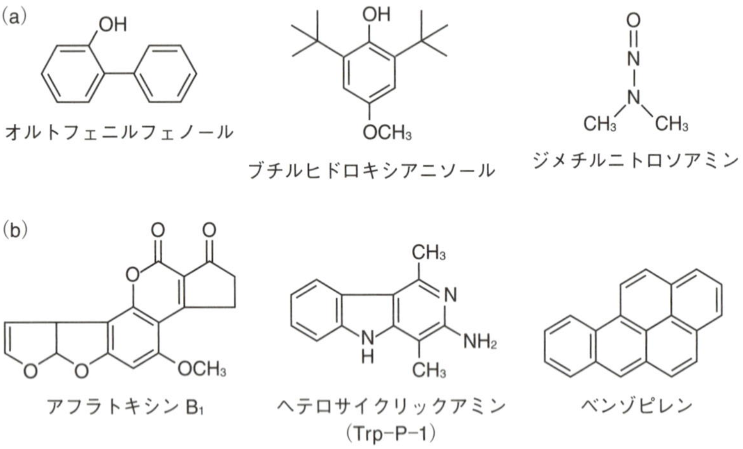

図 8・13　食品中に含まれる発がん物質の例

また，食品自体にも発がん物質が含まれている（図 8・13b）．例として，穀類のカビに含まれるアフラトキシン，肉の焦げた部分に含まれるヘテロサイクリックアミンや，自動車の排気ガスやタバコの煙に含まれ燃焼するときに生じるベンゾピレンなどがある．

8・6 病原菌と食中毒

食中毒は食品あるいはその容器や包装などを介して，人体の中に有害な微生物や化学物質を摂取したことで起こる急性の生理的な異常（おもに胃腸炎などの症状）のことをいう．おもな食中毒の原因は細菌やウイルスであるが，化学物質（重金属，有機水銀，農薬など），生物毒，寄生虫などが原因となることもある．ここでは細菌による食中毒について見ていこう．

細菌は原核細胞（7・2節）でできており，外側は膜などで包まれているが，核などの細胞小器官はもたず，その空間の中にDNAやタンパク質（酵素）などが含まれているだけである．図8・14には大腸菌の構造を模式的に示した．

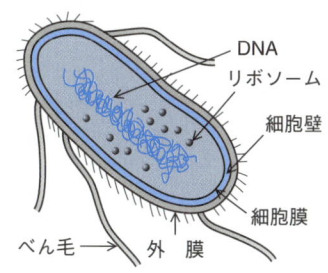

図8・14 大腸菌の構造

細菌が増殖できる温度は0℃から100℃前後であり，pHは一般に中性付近（6.5〜8.0）にある．これらを含めて条件が整うと，食品中で細菌が増殖し，食品が"腐敗"して有害な物質に変化する．

食中毒を起こす細菌はつぎのように三つの種類に分けられる．① 細菌自体が中毒の原因になる<u>感染型</u>，② 細菌が食品中で繁殖して毒素を放出する<u>毒素型</u>，③ ヒトの体内に入ってから毒素を放出する<u>生体内毒素型</u>がある．

一方，ヒトにとって有用な物質（食品）に変化することを"発酵"という（9・4，9・6節および10・3節参照）．"腐敗"と"発酵"は同じ現象であるが，ヒトの視点によって言葉が使い分けられている．

① **感染型細菌** 細菌自体が有害であり，サルモネラ菌や腸炎ビブリオ菌などがある．細菌は自身の体内で酵素をつくり，その酵素によって食品を腐敗させる．このような細菌による腐敗を防止するには，殺菌剤や加熱によって細菌を殺せばよい．

サルモネラ菌はほとんどの動物に広く分布し，腸炎ビブリオ菌は魚介類に見られる．

② **毒素型細菌** ブドウ球菌やボツリヌス菌（コラム参照）などがある．細菌が放出する毒はタンパク質なので，加熱すれば変性して毒性がなくなる．ただし，ボツリヌス菌のように熱に強く，加熱温度や時間に注意を要する場合もある．

ブドウ球菌は哺乳類，鳥類に分布している．

③ **生体内毒素型細菌** 病原性大腸菌などがある．ヒトの体内，すなわち消化管に入ってから毒素を放出する．このような毒素を分解したり除去したりするのは困難であるため，体内に取込まないようにする必要がある．

大腸菌はヒトの常在菌であり，病原性がない．一方，病原性をもつ大腸菌は飲料水や食品に由来する．

ボツリヌス菌が属する細菌は低栄養や低酸素状態になると，種子のような形態をとって休眠状態になるため，熱には強い．環境が良くなると通常の状態に戻る．

ボツリヌス菌の毒素

　ボツリヌス菌の毒素は神経毒であり，現存する毒素のうちで最強である（図8・11b）．その毒素はタンパク質で七つのタイプがあるが，そのうち四つのタイプがヒトに対して食中毒を起こす．

　ボツリヌス菌の毒素は100℃で数分以上加熱すると活性を失うが，ボツリヌス菌が"芽胞"という休眠状態になると，100℃で6時間（120℃で4分）以上加熱しないと完全には死滅しない．

　ボツリヌス菌は嫌気性であるので自家製缶詰や漬物容器，水分量の多い野菜や果物などで増殖する．また，ハチミツの中にいることも多く，乳幼児には与えないように注意喚起がなされている．

章末問題

8・1　抗生物質であるペニシリンが抗菌作用を示す理由を答えよ．

8・2　ビタミンA, ビタミンB_1, ビタミンC, ビタミンDについて，ヒトの体内での作用および欠乏したときに起こる病気の名前をあげよ．

8・3　ヒトの体に含まれるミネラルを三つあげ，その働きについて述べよ．

8・4　ホルモンとは何か．また，つぎの器官が分泌するホルモンの名前と作用を答えよ．a) 甲状腺，b) 副腎（髄質），c) 膵臓，b) 精巣，e) 卵巣

8・5　神経細胞内での情報伝達と神経細胞間での情報伝達の仕組みの違いについて簡潔に述べよ．

8・6　覚せい剤による快感や興奮状態が起こる仕組みについて簡潔に述べよ．

8・7　毒は作用の仕方によって三つの種類に分けられる．それぞれについて簡潔に説明せよ．

8・8　LD_{50}とは何か．

8・9　表8・4を参考にして，加工食品に表示されている食品添加物の種類について調べよ．

8・10　食中毒を起こす細菌は三つの種類に分けられる．それぞれの特徴を簡潔に述べよ．

9 環境と化学

数えきれないほどの生命が，地球という小さな星に住んでいる．地球は生命にとってかけがえのない環境となっている．この章では，化学の目を通して，私たちを取巻く環境について理解しよう．

9・1 化学から見た地球環境

地球は，表面に存在する土壌・岩石からなる**地圏**，海，河川，湖，地下水からなどからなる**水圏**，さらに窒素・酸素などの気体で構成される**気圏**（**大気圏**）からなる（図9・1）．そして，これらの環境の中で，さまざまな生物が活動しており，この領域を**生物圏**（**生命圏**）という．

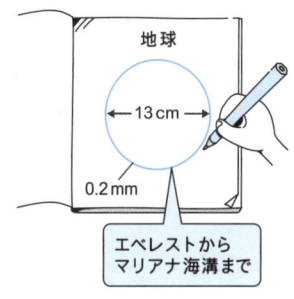

人間の活動範囲はせいぜいエベレストの頂上からマリアナ海溝の最深部までのおよそ20 kmの幅にすぎない．地球を直径13 cmの円とすると，この幅は0.2 mmに相当する．

図9・1　現在の地球の姿

現在の地球の構造

地球は半径が約 6400 km のほぼ完全な球体であり，その上空には大気の層が広がり，表面は土壌と岩石，あるいは海洋で覆われている．

図 9・2 は地球の断面を示したものである．地球の内部は，地殻，マントル，核の層状構造になっている．**地殻**は土壌・岩石からなり，厚さは陸地では 30 km 程度，海底では数 km ほどである．おもにケイ素 Si と酸素 O を含むケイ酸塩鉱物からなる．その下には**マントル**が存在し，深さ 2900 km に達する．酸素，ケイ素，鉄，マグネシウムなどを多く含む岩石からなり，粘性のある流体に似た性質を示し，対流していると考えられている．さらにその下には**核（コア）**があり，おもに鉄とニッケルの合金からなる．

外核は液体に，内核は固体になっていると考えられている．

地球の中心部の温度は 6000 ℃ 程度と推測されている．

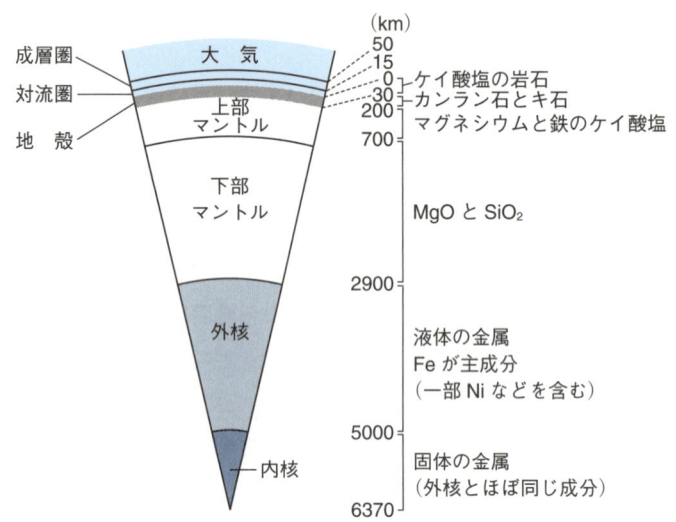

図 9・2　地球の構造

表 9・1 には地球全体と地殻を構成するおもな元素の存在量を示した．地球全体では鉄が最も多く，地殻では酸素が最も多い．これは，高温で溶融状態の原始地球では比重の大きな鉄が内部に沈み，軽いケイ素やアルミニウムが地表に現れたためで，地殻ではほとんどの元素が酸素と結合した酸化物として存在している．

表 9・1　地球全体と地殻を構成するおもな元素の存在量

地球全体	存在量(%)	地殻	存在量(%)
鉄 Fe	32	酸素 O	47
酸素 O	30	ケイ素 Si	28
ケイ素 Si	15	アルミニウム Al	8
マグネシウム Mg	14	鉄 Fe	5
硫黄 S	3	カルシウム Ca	4

大気と地球

私たちの住む地球は**大気**によって覆われている．大気は地球環境を安定な状態に保ち，生命を維持するためにも重要である．

図9・3には地球を取巻く大気の構造を示した．地上15 km 程度までを**対流圏**という．地球の自転や太陽熱による上昇気流の発生などでかき混ぜられ，常に対流が起こっている．高度が高くなるほど，温度は低くなる．気象現象は対流圏で起こっている．

対流圏の上から高度50 km 付近までは，**成層圏**が広がっている．対流はほとんど起こらず，上空に行くほど，温度は高くなる．成層圏の一部にはオゾン O_3 を多く含む層が存在し，宇宙からくる有害な紫外線を遮断する役割をもつ (9・3節)．成層圏の外側には，"中間圏"，"熱圏"があり，高度数百 km にまで及んでいる．

表9・2に地球大気のおもな組成を示した．窒素が78％，酸素が21％ほどであり，そのほかアルゴン，水蒸気，二酸化炭素などがわずかに含まれている．

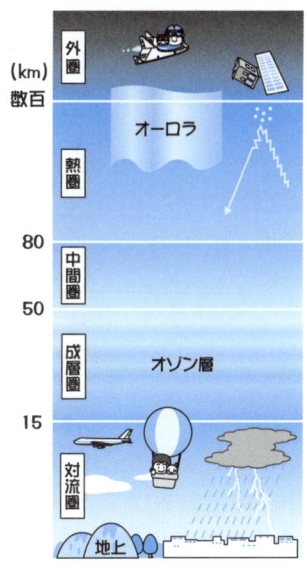

図9・3 大気の構造

表9・2 地球大気の組成

気体	体積%
窒素 N_2	78.1
酸素 O_2	20.9
アルゴン Ar	0.93
二酸化炭素 CO_2	0.037

大きく変動する水蒸気を除いた比率で示した．

水と地球

水はその状態を変化させながら，地球表面を循環し，さまざまな物質を溶かし，運搬する役割を果たしている．

地球の表面の70％ほどは**海洋**であり，地球に存在する水の97％は海水である．図9・4に示すように，海水は表層水と深層水(深さ200 m 以下)に分けられ，独立に運動している．その一方で，海水の温度と塩分の濃度差により，ある地点で表層水が潜り込んで深層水と合流してゆっくりと移

表層水は"海流"となって移動するが，深層水の移動は非常に遅い．

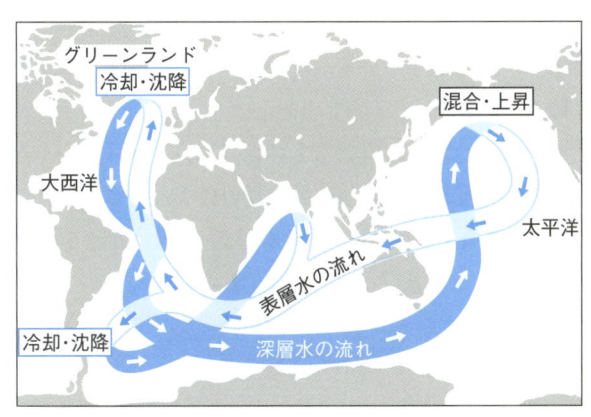

図9・4 **海洋水の大循環** 北大西洋でつくられた表層水が潜り込んで，南下する．さらに南極の冷たい深層水と合流して，インド洋と太平洋を北上し，再び上昇して表層水となる

このような大循環は地球の気象に大きな影響を与えている．

動し，再び上昇して表層水になるという，約1000年のスケールで大循環を起こしている．

海洋は塩分の多い塩水からなる．表9・3には，海水の化学組成を示した．

表9・3 海水の化学組成

種　類	存在量(%)	種　類	存在量(%)
Cl^-	55	Ca^{2+}	1.2
Na^+	31	K^+	1.1
SO_4^{2-}	7.7	Br^-	0.2
Mg^{2+}	3.7		

金魚と金魚鉢

金魚にとっての環境は，さしあたり"金魚鉢"といえる．金魚は金魚鉢の中の水から酸素を取入れ，えさを食べて生きている．まさに，金魚にとって金魚鉢は生きるための空間である．そして，金魚鉢の水が汚れれば，金魚に何らかの悪影響を与え，ついにはその生存さえも脅かされる．

しかし，金魚にとっての環境は金魚鉢がすべてではない．金魚鉢のある部屋の空気が汚れれば，金魚鉢の中の水は汚染される．さらに部屋の中の空気は，屋外，さらには住んでいる地域というように，より外の世界からも影響を受ける．そのため，環境についてのさまざまな問題について見るとき，身のまわりだけでなく，さらに広い範囲からの視点が必要となる．

9・2 化学物質の二面性

私たちのつくり出した化学物質はさまざまな恩恵を与えてくれる一方で，環境や生命に対して良くない影響を与えるという二面性をもっている．ここでは，環境や生命にとって有害な物質をいくつか見ていこう．

有害な有機化合物

ダイオキシンは自然界にはない物質である．最初に注目されたのは，ベトナム戦争のさいに，米軍が除草剤を散布した地域に，奇形をもつ子供が数多く生まれたことによる．ダイオキシンは除草剤を合成するときに副生成物としてつくり出された．

塩素を含む有機化合物には有害なものが多い．**ダイオキシン類**は大きく3種類に分けられ，塩素の個数と位置の違いによってさまざまなものが存在し，その毒性も異なる（図9・5）．最も毒性の強いのは，PCDDのうちで

PCDD ($m+n=1〜8$)　　PCDF ($m+n=1〜8$)　　Co-PCB ($m+n=4〜7$)

図9・5　**ダイオキシン類**　PCDD：ポリ塩素化ジベンゾ-p-ジオキシン，PCDF：ポリ塩素化ジベンゾフラン，Co-PCB：コプラナー-PCB

4個の塩素が2, 3, 7, 8の位置に結合したものである．ダイオキシンは，塩素を含む物質をゴミ焼却炉などで，不十分な温度で燃焼させると発生する．安定な化合物であり，体内に蓄積されやすく，発がん性や内分泌かく乱性（後述）などがある．

ホルムアルデヒド（HCHO）は揮発性の化学物質であり，"シックハウス症候群"の原因物質のひとつである．この症候群は化学物質過敏症の一種であり，室内の空気の化学物質による汚染によりひき起こされ，頭痛，めまい，吐き気，呼吸器疾患などをもたらす．その対策としては，原因物質を含む家具などを室内に持ち込まないこと，新築の場合にはしばらく待ってから入居するなどがある．図9・6には新築家屋内のホルムアルデヒドの量の推移を示した．WHO（世界保健機関）の許容基準に下がるまで数年ほどかかることがわかる．

ホルムアルデヒドは合成樹脂の原料，あるいは家具，ベニヤ板などの接着剤の原料に用いられる．

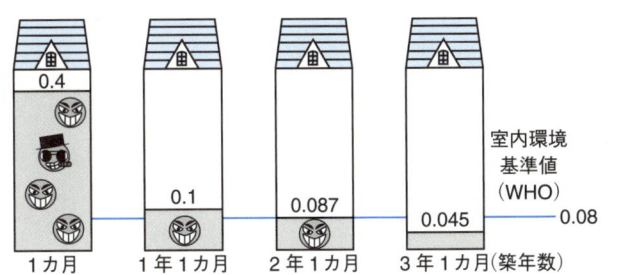

図9・6 住宅の築年数とホルムアルデヒド濃度 数字の単位は ppm

環境ホルモン

人工的につくり出された化学物質のなかには，体内で"ホルモン"に類似した作用を示すものがある．このような化学物質は体外の環境中に存在し，ホルモンの働きを乱すという意味で，俗に**環境ホルモン**，正式には**外因性内分泌かく乱物質**とよばれる．

8・2節で見たようにホルモンは受容体と結合することで作用する．環境ホルモンはこの受容体と結合して，ホルモンと類似の働きを示す．特に，性ホルモンの受容体に作用するものが多く見つかっており，しかも微量で作用するため，その影響が懸念される．

環境ホルモンにはダイオキシンなどの有機塩素化合物，工業用洗剤やプラスチックの添加剤などに使われるノニルフェノールやプラスチックの原料であるビスフェノールAなどがあり（図9・7），これらは女性ホルモンと類似の構造をもつ．

野生動物では，雄の雌化や個体数の減少，ヒトに対しては精子数減少などのさまざまな生殖異常などの可能性が指摘されている．

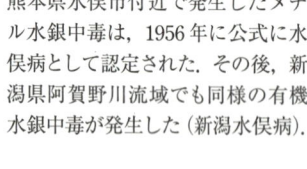

女性ホルモンの例

図9・7 環境ホルモンの例 ノニルフェノールは炭素鎖の分岐の仕方などにより多くの異性体が存在する

重金属

　金属のうち，比重が4ないし5以上のものを**重金属**という．重金属のなかには，生体に微量に含まれて重要な働きをするものがあるが，一度に大量に，あるいは長期にわたって許容量以上を摂取することで，深刻な健康被害を及ぼすこともある．

　水銀 Hg は銀色の液体の金属であるが，特に有機水銀（メチル水銀）は毒性が強く，工場から排出された有機水銀で汚染された魚介類を食べたことが原因で，水俣病が発生した．その症状は，手足の感覚麻痺，運動失調などの神経障害であり，重度の場合は死に至った．

熊本県水俣市付近で発生したメチル水銀中毒は，1956年に公式に水俣病として認定された．その後，新潟県阿賀野川流域でも同様の有機水銀中毒が発生した（新潟水俣病）．

浮遊粒子状物質

　大気中には，埃（ほこり）や塵（ちり）などとして，種々の粒子状物質が存在している．このうち，直径が 10^{-5} m（10 µm）以下のものを**浮遊粒子状物質**といい，さらに直径 2.5 µm 以下の小さなものを**微小粒子状物質（PM 2.5）**という（図9・8）．

　浮遊粒子状物質は，発生源から直接排出されたものと，大気中の硫黄酸化物や窒素酸化物などが変化して粒子化したものなどがある．おもな発生源としては，火山活動，森林火災，土壌からのほこりなどの自然界由来と，工場からのばい煙，自動車の排気ガスなどの人為的なものがある．浮遊粒子状物質は軽いので，大気中を長い間浮遊する．そのため，気管支や肺の奥深くに入って健康被害を起こすことがある．

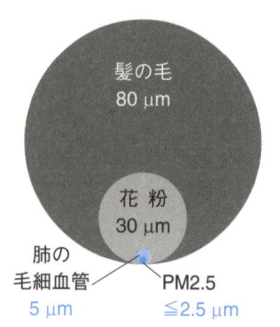

図9・8 PM2.5の相対的な大きさ 1µm＝10^{-6} m

9・3 地球環境と化学物質

　私たちは日々の生活を豊かにするために，さまざまな活動を行ってきた．しかしながら，産業の著しい発達や広範囲な経済活動は環境汚染をひき起こす原因ともなった．しかし，その影響はかつてのように限定された地域にとどまらず，地球規模での広がりを見せている．このような問題について化学の目を通して見ていこう．

地球温暖化

　地球は気候の寒冷な氷河時代を繰返し迎えてきた．現在は，氷河時代の間氷期にあり，いずれは氷期に向かって寒冷化すると考えられていた．ところが，地球の気温は上昇を続けており，つまり地球全体が温暖化傾向にあり，今後も続くと予測されている．

　まず，地球が温暖化する仕組みについて見ていこう．太陽から地球上にやってくる光エネルギーの一部は雲や地表などにより反射されるが，残りの多くは地表に吸収され，熱に変化して地表を暖める．そして，暖められた地表からはそのエネルギーが赤外線（コラム参照）として宇宙に放出される．

　一方，大気中に赤外線を吸収する二酸化炭素などのガスが存在すると，赤外線の一部がこれらのガスに吸収され，熱として地表に再び放出される（図9・9a）．その結果，地表がさらに暖められ，地球の温度が上昇する．これを**温室効果**といい，その効果をもたらす二酸化炭素などのガスを**温室効果ガス**という．

　ところが，人間活動により大気中の温室効果ガスが急激に増加したために，さらに赤外線が大量に吸収され，熱として地表に放出されることで，さらなる温暖化を進行させたと考えられている（図9・9b）．

> 氷河時代といっても，長期に寒冷化するわけではなく，寒冷な氷期と比較的暖かい間氷期が交互に訪れる．
>
> 1880年以降，世界の平均地上気温は約0.9℃上昇し，特に近年，その傾向が顕著である．また，このような温暖化のおもな要因は人間活動による可能性が極めて高いという報告がなされている．
>
> 理由についてはふれないが，通常の大気を構成する成分のうち，二酸化炭素，水，オゾンは赤外線を吸収するが，窒素や酸素は赤外線を吸収しない．
>
> 現在の大気中の二酸化炭素の量は，産業革命前の1750年ころと比べて約40%増加している．

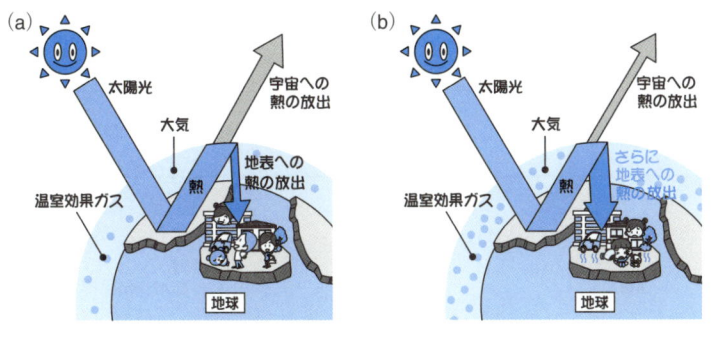

図9・9　地球温暖化の仕組み

　温室効果ガスには，二酸化炭素，メタン，一酸化炭素，フロン（後述），水蒸気などがあり，それぞれ温暖化への寄与が異なる．**地球温暖化係数**は地球温暖化を推し進める度合いを示し，この数値が大きくなるほど，温暖化の効果が大きくなる（表9・4）．現在の温暖化に最も大きく寄与しているのは，CO_2であるといわれている．CO_2は地球温暖化係数が小さいが，化石燃料の消費などで，大気中に大量に放出されるためである．

　一方，フロン類は地球温暖化係数が非常に大きいため，わずかな量でも温暖化への寄与が大きくなる．

> 下表にはないが，"水蒸気"にも強力な温室効果がある．そのため，CO_2の量が増加して気温が上昇すると，大気中の水蒸気の量が増えるため，地球温暖化を増幅させることになる．

表9・4　温室効果ガスと地球温暖化係数

温室効果ガス	地球温暖化係数（GWP）
二酸化炭素 CO_2	1
メタン CH_4	23
一酸化二窒素 N_2O	296
フロン類	数百〜数万

GWPはCO_2の単位重量あたりの温暖化効果を1として算出．

9. 環境と化学

オゾン層の破壊

大気中の成層圏にある**オゾン層**は，太陽から降り注ぐ有害な紫外線（コラム参照）を吸収し，生命を守る役割をもつ．ところが，一定に保たれているはずのオゾンの量が減少し，オゾン層の破壊が進んでいることが明らかとなった．南極上空ではオゾン層の極端に少ない部分である**オゾンホール**（オゾン層に穴があいたように見える）が観測されている．

このオゾン層の破壊は，私たちの生活の中で使われている化学物質によることがわかっている．その代表的なものは，**フロン**とよばれる人工的につくられた化学物質である．フロンはわが国のみで使用されている通称名であり，塩素，フッ素，炭素からなる化合物（クロロフルオロカーボン，CFC）の総称である．フロンはエアコンや冷蔵庫などの冷媒，スプレーの噴射剤などとして使用されてきた．

フロンの削減の対策として，生産全廃や利用後の回収，さらにはオゾン層への影響の少ない塩素を含まない代替フロンなどが開発された．その後，代替フロンに地球温暖化を促進する作用があることがわかり，さらなる削減や全廃，"ノンフロン"製品の開発が進められている．

電磁波の種類

電磁波とは，電場と磁場が空間や物質内を交互に伝わる波のことである．図1に示すように，電磁波は波長により分類される．電磁波のもつエネルギーは波長が長いほど小さく，波長が短いほど大きい．

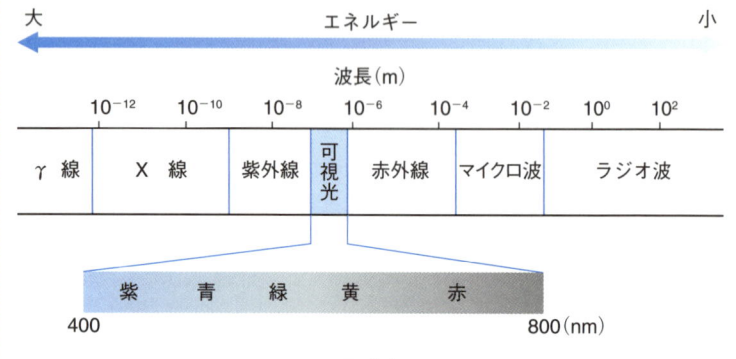

図1　電磁波の種類

私たちの目に見える光（**可視光**）は波長がおよそ 400 nm から 800 nm にあり，プリズムなどによって分離すると，波長によってそれぞれ異なった色として見える．

可視光より波長が長い電磁波は，赤の外側という意味で**赤外線**という．赤外線は分子を構成する原子間の結合を振動させる程度のエネルギーをもつので，赤外線を吸収した分子は運動が活発になり，温度が上昇する．

一方，可視光より波長が短い電磁波は，紫の外側という意味で**紫外線**という．紫外線は大きなエネルギーをもつので，さまざまな分子において化学反応をひき起こしやすい．

可視光の色は，波長の長い順に，赤，橙，黄，緑，青，藍，紫となって現れる．

赤外線よりさらに波長の長い電磁波にマイクロ波やラジオ波がある．マイクロ波は電子レンジやテレビ放送などに利用されている．

紫外線よりさらに波長の短い電磁波にX線やγ線がある．これらは放射線の一種である（9・5節）．

図9・10はフロンによるオゾン層の破壊の仕組みを示したものである．フロンは安定な物質であるため，大気中に長期間とどまり，成層圏に到達する．フロンが紫外線により分解されると，塩素ラジカル Cl• (ラジカルは不対電子をもち，不安定であるため，他の分子と容易に反応する) が生成し，これがオゾンと反応する．この反応は繰返し起こり，結果として 1 個の Cl• が非常に多く (この場合 1 万個程度) のオゾンを破壊する．

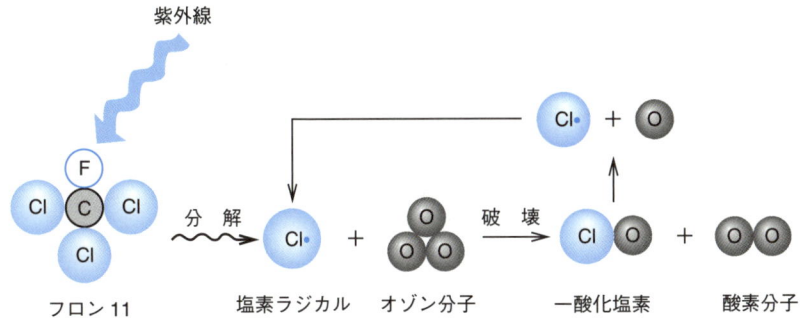

図9・10　フロンによるオゾン層の破壊

9・4　エネルギーの化学

　私たちの社会や毎日の生活を支えるために，エネルギーは欠かすことができない．これまで，人類はさまざまな種類のエネルギーを利用してきたが，エネルギー資源は有限であり，安定な供給を確保するためには，さまざまな課題がある．また，地球環境に関する問題を解決するためにも，再生可能エネルギーのようなクリーンで持続可能なエネルギー源の開発が求められている．

エネルギーの種類

　エネルギー源は化石エネルギーと非化石エネルギーに大きく分けられる (図9・11)．化石エネルギーは動植物の遺体が地中に埋められて化石となり，それが長い間，熱や圧力の作用により変化してできたものであり，石

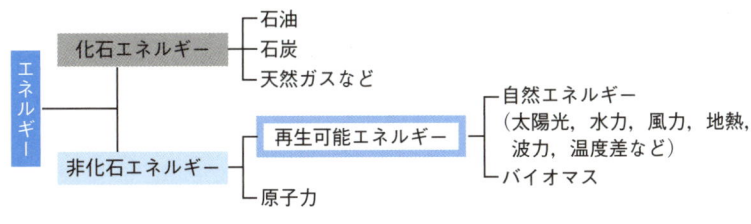

図9・11　エネルギーの種類

9. 環境と化学

油，石炭，天然ガスなどがある．一方，**非化石エネルギー**には原子力や再生可能エネルギーがある．

化石燃料は限られた資源であり，その燃焼により CO_2 を発生するなど，地球環境に好ましくない影響を与えることから，これに代わる新たなエネルギーの開発が進められている．

原子力エネルギー

化石エネルギーの枯渇やエネルギー消費の増加の観点などから，大量にエネルギーを安定して供給できる原子力発電が利用されてきた．

原子力エネルギーは核分裂反応により発生するエネルギーである．図9・12 に示したように，ウラン ^{235}U などの質量数の大きな原子核に中性子を衝突させると，原子核が分裂して，質量数の小さな核分裂生成物になる．このとき，エネルギーが放出され，同時に中性子も放出される．さらに，中性子は別の ^{235}U と衝突して再び核分裂を起こし，反応は連鎖的に進む．このため，ねずみ算式に起こる核分裂反応から放出されるエネルギーは莫大なものとなる．

> 原子力発電は安定した大量の電力が供給でき，発電過程では温室効果ガスである二酸化炭素を排出しないため，化石燃料に代わるエネルギー源として利用されている．しかし，その安全性や発電の過程で放出される放射性廃棄物や使用済み核燃料の処理などが，大きな問題として残っている．

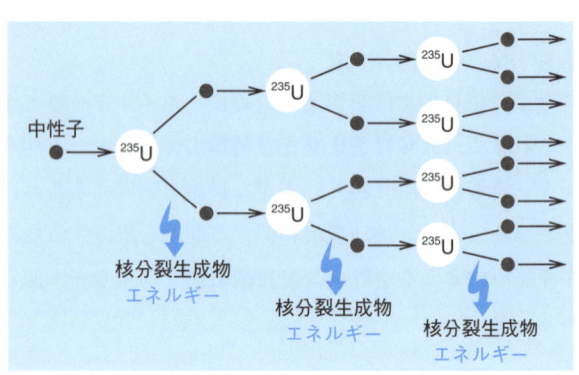

図9・12 核分裂反応

再生可能エネルギー

限りある地球上のエネルギー資源を永続的に有効に利用するためには，"再生可能エネルギー"が不可欠となる．**再生可能エネルギー**という言葉は以下のような意味をもつ．

① 資源が無限にあり，枯渇することのないエネルギー
② 資源は有限であるが，一度使用しても短期間で再生可能であるため，実際には資源が無限であると考えられるエネルギー

本来の言葉からすると②をさすが，実際には①も含めて再生可能エネルギーとよぶことが多い．

9・4 エネルギーの化学　121

おもな再生可能エネルギーとして，太陽光，風力，水力，地熱などの自然エネルギーとバイオマスがある．ここでは特に化学と関連の深いバイオマスに絞って紹介しよう．

動植物から生まれた再生可能な有機資源のことを**バイオマス**という．表9・5にはバイオマスの種類を示した．バイオマス中の炭素は植物が大気中の二酸化炭素を光合成により固定したものであるので，バイオマスの燃焼によって CO_2 が発生しても，全体としては大気中の CO_2 量を増加させないことになる（図9・13）．さらに，大気中に排出された CO_2 は，植物を栽培することで吸収できる．

太陽光を利用した電池については10・5節でふれる．

このため，地球温暖化防止のためのエネルギー源としても有用である．

表9・5　バイオマスの種類と例

廃棄物系バイオマス	未利用バイオマス	資源作物
家畜排せつ物 食品廃棄物 廃棄紙 建築廃材 製材工場残材 下水汚泥	林地残材 稲わら，もみがら 麦わら	糖質 （サトウキビ，テンサイ） デンプン （コメ，イモ，トウモロコシ） 油脂 （ナタネ，ダイズ，落花生）

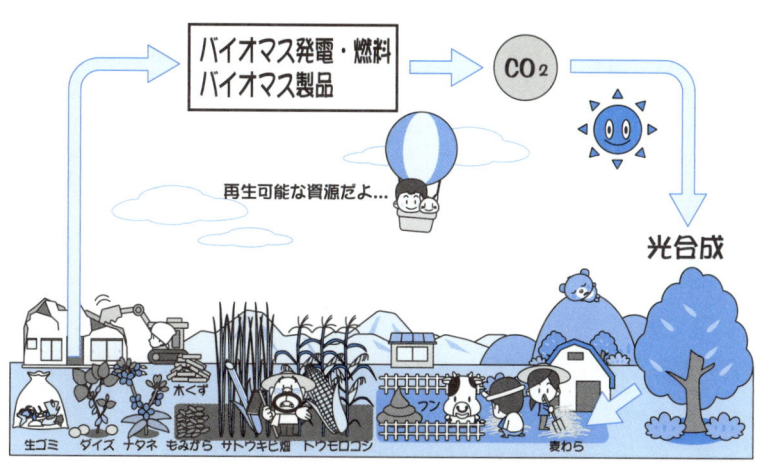

図9・13　バイオマスは再生可能な資源

バイオマスの利用形態としては，発電や熱利用，輸送燃料などがある．

バイオマス発電　生ごみ，家畜の排せつ物，下水汚泥中などの有機物質を，無酸素の状態（嫌気性という）で細菌によって分解させるとメタンガス（CH_4）が発生する（メタン発酵）．この発生したガスを利用して発電する．そのほか，林地残材や木くずなどを利用したバイオ発電も行われている．

バイオマス燃料　糖質（サトウキビ）やデンプン（トウモロコシ）など

発酵については，10・3節でもふれる．

野球に例えれば，放射性物質は"投手"であり，放射線は"ボール"である．放射能は"投手の能力"ということになる．

を酵母菌により分解させてエタノールを生産する（アルコール発酵）．"バイオエタノール"はガソリンと混ぜて使用することで，ガソリンの燃焼による CO_2 の発生を抑制する効果がある．最近では稲わらや廃材などのセルロース系の原料からエタノールを生産することも試みられている．

9・5 放射能の化学

原子力発電における核分裂反応などのさいに，"放射線"が放出される．**放射線**は高いエネルギーをもつ粒子や電磁波のことをいう．放射線は人体に有害である．また，放射線を放出する物質（同位体）を**放射性物質（放射性同位体）**という．**放射能**とは放射線を放出する能力のことをさす．

放射線の種類

放射線のうち，粒子としては，α線（アルファ線），β線（ベータ線），中性子線などがあり，電磁波としては，γ線（ガンマ線），X線がある（図9・14）．

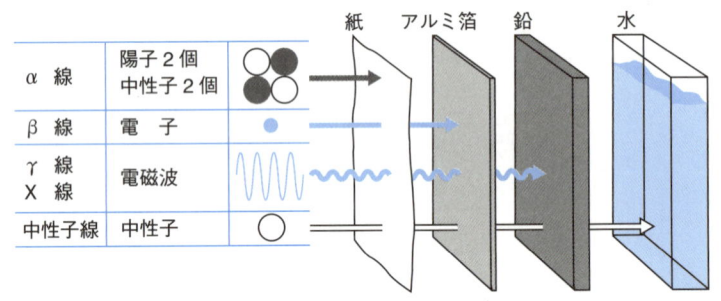

図9・14 放射線の透過力

α線 陽子2個と中性子2個（ヘリウム ^4H の原子核）からなる粒子の高速の流れであり，電荷をもつために物質中の電子と相互作用し，粒子としても大きいので，紙や皮膚でも遮へいできる．

β線 電子の高速の流れであり，アルミ箔で遮へいできる．ただし，β線が物体に衝突すると，γ線が放出されるので，その遮へいが必要になる．

γ線およびX線 紫外線よりも波長が短く，高いエネルギーをもつ電磁波であるが，γ線とX線では発生の仕組みが異なっている．厚さ10 cm以上の鉛の板で遮へいできる．

中性子線 中性子の高速の流れであり，電荷をもたないので遮へいは難しく，鉛板では厚さ1 m以上が必要である．ただし，ほぼ同じ質量をもつ陽子（水素原子核）と相互作用しやすいので，水などによって効果的に遮へいできる．

図9・12におけるウランの核分裂反応のさいにも中性子線が放出される．原子炉（軽水炉）では，中性子線の速度を落とすための減速材として"水"が用いられる．

放射性物質の半減期

原子力発電所の事故では，ヨウ素 ^{131}I，セシウム ^{137}Cs などの放射性物質が放出される．放射性物質は，放射線を放出しながら，より軽い原子核に繰返し崩壊して，最終的には安定な物質となる．このような放射性物質の"寿命"を知る手掛かりとなるが**半減期**である．

物理学的半減期 放射性物質の数（量）が半分になるまでの期間
生物学的半減期 体内に取込まれた物質が，尿や便などにより体外に排出され半分になる期間

表 9・6 には，それぞれの半減期を示した．実際に，体内において半分になる期間は，物理学的半減期と生物学的半減期の両方を考慮する必要がある．

> 物理学的半減期は時間が $t_{1/2}$ だけ経つと，最初の量の半分となり，さらに $t_{1/2}$ だけ経って $2t_{1/2}$ となると最初の量の 1/4 になる．また，放射性物質の種類によって異なる．
>
> 生物学的半減期は体内の部位や年齢などによって異なる．

表 9・6 二つの半減期

	物理学的半減期	生物学的半減期
^{131}I	8 日	80 日
^{137}Cs	30 年	90 日

自然界の放射線

放射線は，原子力発電所の事故による放出や医療放射線のような人工的なものだけでなく，自然界からも絶えず放出されている．自然放射線としては，① 宇宙，② 大地，③ 呼吸，④ 食物からくるものがある．

食物には ^{40}K，^{14}C，^{210}Po，^{210}Pb などが含まれており，体内に取込まれる．これらの放射性物質は時間とともに減少し，一定の割合に保たれる．

ラドンは放射性物質であるウランやラジウムが崩壊してできた気体状の放射性物質（^{222}Rn，^{220}Rn）であり，空気中にわずかながら存在する．このため，呼吸によりラドンを体内に取入れることになる．

宇宙からは超新星や太陽表面の爆発などで発生した高速粒子の一部が地球上に届いている．宇宙線の大部分は陽子であり，そのほかにα線などがある．また，地殻（岩石や土）やマントルにもウランやトリウムが含まれている．

> 医療放射線には，レントゲン撮影に用いられる "X 線" や，がんの治療などに利用される "重粒子線"（炭素や酸素などの小さな原子の原子核）などがある．
>
> 日本人 1 人あたりが年間に受ける自然放射線の量は食物由来が全体の半分程度を占め，呼吸からは 1/4 程度，残りは大地と宇宙からきている．
>
> また，全体として受けている放射線量は，一般には医療放射線のほうが自然放射線よりも多い．

9・6 環境にやさしい化学

人類はこれまで膨大な数の化学物質をつくり出し，便利で豊かな生活を支えてきた．しかし同時に安全性や環境への配慮を失い，地球環境に悪影響を及ぼすまでになった．このような状況の中で，現在だけでなく，将来にわたって豊かな生活が営めるように，**持続可能な地球のための化学**が必要となっている．これを実現するための方法を示したのが，**グリーンケミストリー**であり，「環境にやさしいつくり方で，環境にやさしいモノをつくる」という考え方が基本となっている．

> グリーン（緑）は自然の色であり，環境にやさしいというイメージをもつことから，このようによばれている．

プラスチックのゴミ

ここではプラスチックを例にとって，環境にやさしい化学について考えてみよう．**プラスチック**は一般に加熱すると軟らかくなり，冷やすと固まる高分子材料のことをいう．プラスチックは加工がしやすく，軽量で丈夫，しかも安価であるため，包装容器，家電製品，医療器具，自動車など，数多くの分野で利用されている．日常生活で使用されるプラスチックはほとんどが"使い捨て"である．これらのプラスチック製品はきちんと分別すれば，リサイクル（後述）が可能なものもあり，有用な資源となることができる．しかしながら，不用意に捨てられたプラスチックは"ゴミ"となり，環境中に残って悪影響を及ぼす場合もある．

その例のひとつとして，海洋に流れ出たペットボトル，飲料用カップやストローなどのゴミがある．たとえば，図9・15に示したように，長い間，これらのプラスチックは海洋を漂い，太陽からの紫外線にさらされて劣化して分解したり，岩などの物理的な摩擦により砕けて，小さな断片となる．これらの断片には有害な物質が含まれている場合もある．そのため，プランクトンや魚介類，海鳥などが飲み込むと，生体へ何らかの影響が及ぶことも考えられる．しかも，これらの断片は体内に蓄積されるので，食物連鎖を通じて，私たちの体の中に取込まれる可能性もある．

> 日常使われているプラスチックについては4・5節参照のこと．また，特別な機能をもつプラスチックについては10・1節でふれる．

> 一度使用したら，再資源化または廃棄するものを"使い捨てプラスチック"という．

> 一般に5 mm以下の小さな断片のものを"マイクロプラスチック"とよぶ．

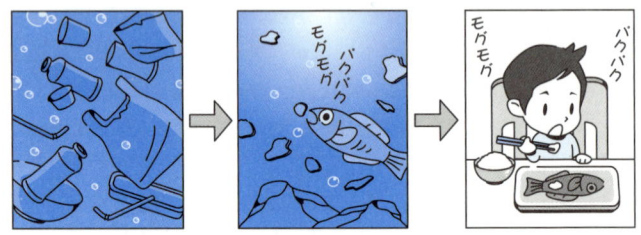

図9・15　海洋に廃棄されたプラスチックの行方

生分解性プラスチック

多くのプラスチックは分解せずに環境中に残ってしまうので，使い終わったら速やかに分解して，自然界に戻るような**生分解性プラスチック**の開発が進んでいる．図9・16には，生分解性プラスチックの分解の仕組みを示した．① 酸化や加水分解などの化学反応や微生物の分解酵素により断片化され，低分子化合物にまで分解される．② 微生物が体内に低分子化合物を取込み，最終的に水や二酸化炭素，メタンなどに変換され，自然界に放出される．

生分解性プラスチックには，綿や絹，デンプンなどの天然高分子および合成高分子，微生物がつくる高分子がある．合成高分子のなかでは，脂肪

> 微生物がつくる高分子は非常時のエネルギー源として体内に蓄積されている．

9・6 環境にやさしい化学

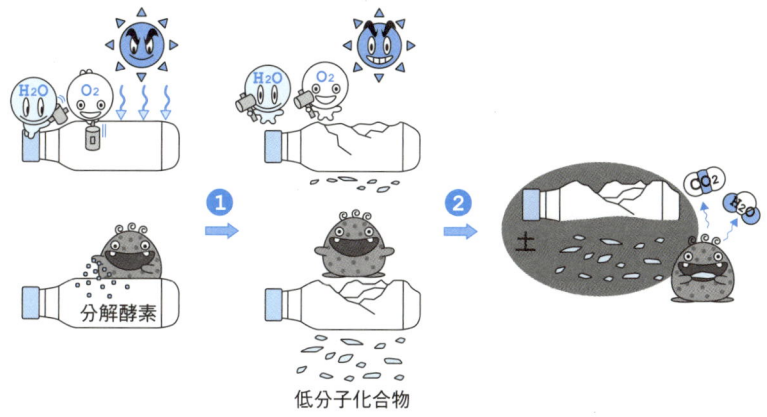

図9・16　生分解性高分子の分解

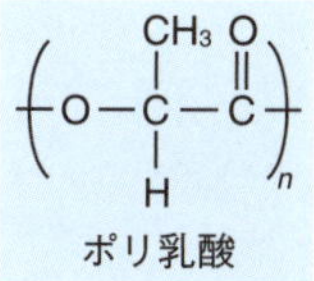

族ポリエステルのポリ乳酸（PLA）などがある（図9・17）．ポリ乳酸の原料である乳酸は，トウモロコシなどのデンプンを発酵してつくられており（乳酸発酵），そのため，ポリ乳酸は"バイオマスプラスチック"でもある．

図9・17　**生分解高分子の例**
ポリ乳酸は使い捨ての食品トレイ，ゴミ収集袋や外科用縫合糸など医療分野でも使用されている

プラスチックのリサイクル

　プラスチックを"ゴミ"ではなく，有効な資源として活用する手段として，**リサイクル**がある．リサイクルには大別して，原材料として再利用する**マテリアルリサイクル**と，廃棄物を直接，あるいは固形燃料にして燃焼させることにより，熱エネルギーとして回収する**サーマルリサイクル**がある（図9・18）．マテリアルリサイクルのうち，回収されたプラスチックなど

"マテリアルリサイクル"には，ガラスビンやペットボトルを砕いたり，アルミ缶を溶かしたりして，容器として再生させたり，別の製品にすることなどがある．

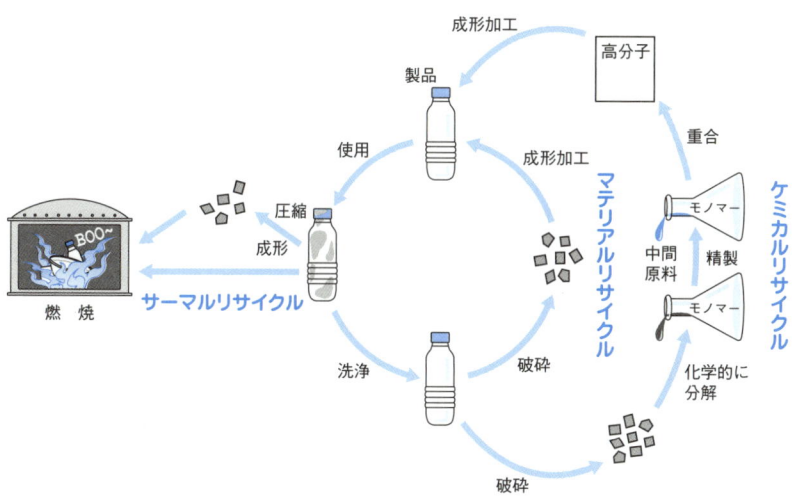

図9・18　**高分子のリサイクル**

を化学的に処理して，新たな製品の原料として，さらには燃料として利用することを，特にケミカルリサイクルという．たとえば，ペットボトルを破砕して化学的な処理を行い，中間原料に戻し，これを再び重合させてペットボトルの素材となるポリエチレンテレフタラートを再生する．

章 末 問 題

9・1 地球の内部は三つの層状構造からなる．それらの名称と特徴をいえ．

9・2 対流圏と成層圏の違いについて述べよ．

9・3 海水に含まれる陽イオンと陰イオンのうち，多い順にそれぞれ二つあげよ．

9・4 環境ホルモンとは何か．また，生物への影響について説明せよ．

9・5 重金属が原因となってひき起こした公害について説明せよ．

9・6 PM2.5とは何か．また，人体への影響について説明せよ．

9・7 地球温暖化とは何か．その原因と考えられる物質のうち最も大きく寄与しているものは何か．その理由もあわせて答えよ．

9・8 つぎの文はフロンによるオゾン層の破壊について述べたものである．空欄に適当な語句を入れて完成せよ．

　フロンは安定な物質であるため，大気中に長期間とどまり，［①］圏に到達する．フロンが［②］により分解されると，［③］が生成し，これがオゾンと反応する．この反応は繰返し起こり，非常に多くのオゾンが破壊される．

9・9 原子力エネルギーはどのような反応にもとづくエネルギーであるか．

9・10 再生可能エネルギーとは何か．その例を四つあげよ．

ただし，問題9・11のバイオマスを除く．

9・11 バイオマスを燃焼しても大気中の二酸化炭素の量が増加しない理由をいえ．

9・12 α線，β線，γ線，中性子線のうち，粒子であるものはどれか．また，遮へいが最も難しいものはどれか．

9・13 物理学的半減期が1週間の放射性物質の量は，3週間後には何分の一になるか．

9・14 海洋に流出したマイクロプラスチックが生物に与える影響について述べよ．

9・15 生分解性プラスチックとは何か．

9・16 プラスチックのサーマルリサイクル，マテリアルリサイクルおよびケミカルリサイクルについて簡潔に説明せよ．

10

生活に役立つ化学

化学は日々の暮らしを豊かに，そして便利なものにしている．ここでは，化学が日常の生活にどのように役立っているかを見てみよう．

10・1 機能する高分子

容器や包装などに使われている一般的な高分子（プラスチック）についてはすでに4章で紹介したが，そのほか特殊な機能をもつ高分子もある．ここでは，代表的なものをいくつか見てみよう．

高吸水性高分子

高分子には高い吸水性を示すものがあり，布や紙における吸水とは異なった原理で大量の水を吸収する．図10・1は，高吸水性高分子が吸水する仕組みを示したものである．三次元網目状に橋かけした"かご"状の構造をもつ高吸水性高分子は，"かご"の中に水を閉じ込めることで，大量の水を吸収する．分子内にはカルボキシ基があり，これがナトリウム塩 COONa になっている．水を吸うとこの部分が Na^+ と COO^- に解離する．その結果，マイナスの電荷をもつ COO^- の間の反発によって，"かご"が広

布や紙では繊維の間に水が染み込む（毛管現象）ことや，布や紙の素材である分子内のヒドロキシ基と水分子の間に水素結合を形成することで，水を吸収することができる．

高吸収性高分子は自重の1000倍以上の水を吸収するものもある．

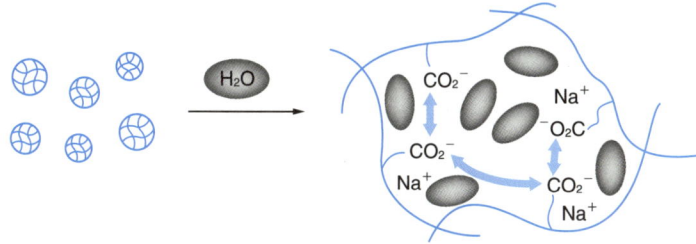

図10・1 高吸水性高分子の仕組み

吸収性高分子を砂漠に埋める

がり，さらに多くの水を吸収することができる．また，このような構造をもつ高分子が水などの溶媒を吸収して膨潤した状態のことを**ゲル**という．ゲルは流動性を失った固体状（ゼリー状）の物質であり，食品ではコンニャク，寒天，ゼラチンなどが相当する．

高吸水性高分子は紙おむつなどに利用されている．そのほか，砂漠に大量に吸水した高分子を埋め，植物を植えて生育させるという，砂漠の緑化にも役立っている．また，高分子ゲルは発熱したときに額などに貼る冷却シートに用いられている．これは高分子ゲルに含まれている水が蒸発するさいに体から熱を奪うことで冷感を与えることにもとづく．

導電性高分子

一般に，有機物質や高分子はほとんど電気を通さないが，現在では電気を通すものも開発されている．電気を通す（導電性）高分子はいくつかの種類があるが，その代表的なものとして**ポリアセチレン**がある．図10・2に示したように，ポリアセチレンは単結合と二重結合が交互に並んでおり，このような共役化合物は炭素原子上の電子が移動しやすい性質をもつ．そのため，ポリアセチレンは導電性をもつが，ただし，その値はガラスよりも少し高い程度である．ところが，ポリアセチレンに少量のヨウ素 I_2 などを加えると，金属のように電気を通すようになり，その導電性は 10^{13} 倍に向上する．

> 導電性高分子の発見と開発により，白川英樹は2000年にノーベル化学賞を受賞している．

> このようにある物質に少量の物質を加えることを**ドーピング**といい，加えられる物質（この場合は I_2）を**ドーパント**という．

ドーピングにより電気が流れる

図10・2　ポリアセチレンの構造

なぜ，I_2 などを加える（ドーピングする）と導電性が飛躍的に向上するのだろうか？　3・2節で見たように，金属における電流の流れは自由電子の移動に由来する．ポリアセチレンでは，炭素原子上にかなり電子が詰まっており，このままではあまり移動できない．これは道路が渋滞して，車が移動できない状態に相当する（図10・3左）．そこで，車の数を減らして渋滞を解決すれば，車が道路をスイスイと走ることができる（図10・3右）．I_2 の類いのドーパントには電子を引抜く性質があり，ドーパントにより電子の一部を取除くことができる．そのため，通路の渋滞が解決され，電子はかなり自由に移動できることになる．

図 10・3 **ドーピングと導電性** 左は電子が移動できない状態（導電性なし），右はドーパントにより電子が引抜かれ渋滞が解決された状態（導電性あり）

10・2 身だしなみの化学

体をきれいに洗って，化粧をほどこし，衣服を身にまとう．毎日の生活をきちんと過ごすためには，身だしなみを整えることも大切である．

洗浄のしくみ

体や衣服をきれいにする洗剤は界面活性剤（両親媒性分子）からなっている（4・6節）．ここでは，洗剤によって汚れを落とす仕組みについて見てみよう．図10・4に示すように，体や衣服についた汚れ（油）は，水中で界面活性剤の疎水性部分に取込まれる．このような球状ミセルは外側が親水性であるため，汚れを取込んだまま，水で洗い流すことができる．

ミセルについても4・6節を参照のこと．

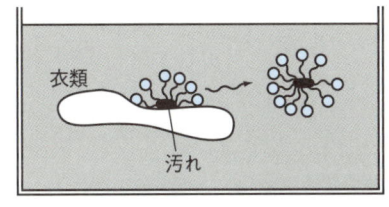

図 10・4 **洗剤による洗浄の仕組み**

また，洗浄力を高めるために"酵素"を配合した洗剤もある．これらの酵素にはタンパク質や脂質，デンプンを分解するものがあり，直接作用することで，それぞれの汚れを分解する．そのほか，木綿などのセルロース繊維を分解する酵素もある．これは汚れに直接作用せずに，入り込んだ汚れのまわりのセルロース繊維を分解することで，汚れが水中に排出されやすくする（図10・5）．

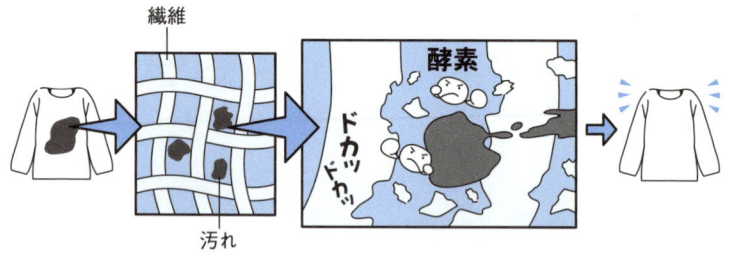

図 10・5　洗剤中の酵素の役割　セルロース繊維を分解する酵素の場合

化粧品

化粧品にもさまざまな化学物質が含まれ，それぞれ重要な役割をもっている．

保湿剤　皮膚の保湿には，皮膚表面の皮脂膜とその下にある角質層（厚さ 0.02 mm 程度）が重要な役割を果たしている（図 10・6a）．水分は角質層内に保持され，皮脂膜は水分の蒸発を防いでいる．保湿剤はこの二つの役割を担い，水分と油分のバランスを整え，健康な肌を保つ機能をもつ．

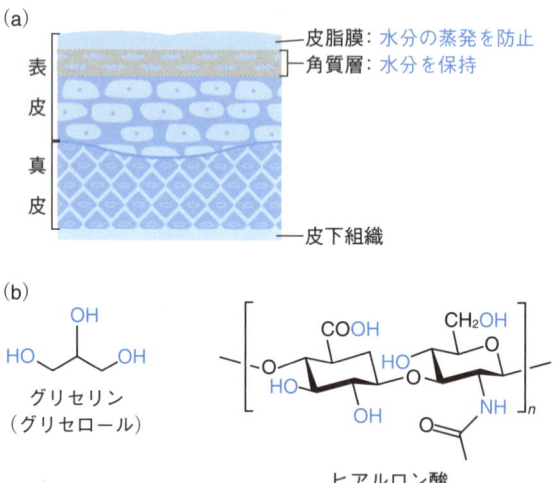

図 10・6　皮膚の保湿機能(a)と保湿剤の例(b)

① 角質層に浸透し水分を保持するためには，親水性のアミノ酸，グリセリンなどのアルコール類，ヒアルロン酸などの多糖類などが用いられる．これらの物質は−NH や−OH 基をもち，水素結合によって水分子を保持する作用がある（図 10・6b）．

② 皮膚の表面に油膜を形成して角質層からの水分の蒸発を防ぐためには，ワセリンなどの炭化水素，スクワレン，脂肪酸，油脂（トリグリセロール）などが用いられる．

> ワセリンは石油から得た炭化水素を精製したもの．
>
> スクワレンは炭素と水素からなるトリテルペンの一種．

紫外線防止剤　紫外線は体内でのビタミンDの合成や殺菌作用などの役割をもつが，大量に浴びると，健康にさまざまな影響を及ぼす．紫外線は波長の長いほうからA波，B波，C波の3種類に分けられる．波長が短いほどエネルギーが大きく，有害である．

UV-A：皮膚の奥深く（真皮）まで到達する．皮膚が黒くなる日焼け（サンタン）や皮膚のシワやシミなどの原因となる．

UV-B：皮膚が赤く炎症を起こす日焼け（サンバーン）や，皮膚などの細胞のDNAを傷つけるため，皮膚がんや白内障の原因となる．

UV-C：最も波長が短いのでさらに有害であるが，オゾン層や酸素分子に遮断され，地上にはほとんど届かない．近年，フロンによるオゾン層の破壊により（9・3節），地上に届く量が徐々に増えている．

紫外線による傷害を防ぐための"紫外線防止剤"は二つのタイプに分けられる．

<u>紫外線吸収剤</u>はベンゼン環などのような単結合と二重結合が交互に並んだ構造をもつ（図10・7）．このような分子は紫外線を吸収して，そのエネルギーを熱に変換したり，自身の分子構造を変化させるのに用いる．

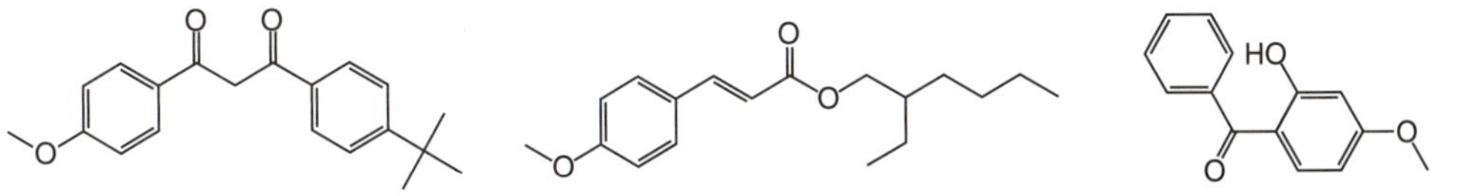

UV-A 吸収　　　　　UV-B 吸収　　　　　UV-A および UV-B 吸収

t-ブチルメトキシベンゾイルメタン　　メトキシケイ皮酸エチルヘキシル　　オキシベンゾン-3

図10・7　紫外線吸収剤の例

<u>紫外線散乱剤</u>は紫外線を物理的に散乱あるいは遮断する．おもに二酸化チタン TiO_2 や酸化亜鉛 ZnO のような無機白色顔料が用いられる．

無機白色顔料には紫外線を吸収する作用もある．

染　料

衣服などに色をつける色素には二つのタイプがある．**顔料**は水などに溶けない微粒子であり，**染料**は水などに溶ける色素である．顔料は洗うと色が落ちるが，染料は繊維とからみ合ったり，化学的に結合したりして色落ちしない工夫がなされている．

色素には天然由来と人工的につくられたものがある．天然染料の代表的なものには，茜（アカネ）の根から取出された赤色のアリザリン（図10・8）や，藍（アイ）の葉から取出された青色のインジゴ（図10・9）などがある．ここでは，染料による衣服の着色の仕組みについて見てみよう．

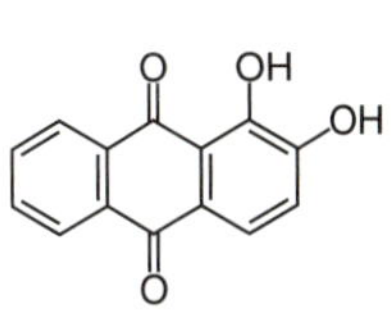

からみ合うタイプ　染料が繊維の中に染み込むと不溶性になり，洗っても色落ちすることがなくなる．代表的なものとして，藍染めやブルージーンズに使われるインジゴがある．図10・9に示すように，藍の葉に含まれ

図10・8　アリザリン（赤色）

図10・9 インジゴによる藍染めの仕組み

ているのはインジカンであり，これを発酵させて葉に含まれる酵素で加水分解するとインドキシル（無色）になり，さらに空気中の酸素と作用させると2分子が合わさってインジゴ（青色）になる．このインジゴは水に溶けないため，これを発酵により還元してロイコ型インジゴ（無色）にする．

藍染めではこのロイコ型インジゴを使って，繊維の間に染み込ませる．その状態で染料溶液から引きあげて，空気にさらし酸化させると不溶性のインジゴに戻る．

結合するタイプ 金属イオンを用いて繊維と染料を化学的に結びつける．一般的なものに，草木染めに使うミョウバン（$Al_2(SO_4)_3$）があり，Al^{3+}イオンが繊維と染料を結びつける．

伝統的に有名な染物に奄美大島で見られる"泥染め"がある．これはシャリンバイという木の枝を煮た汁に織物を漬け，それを絞ってから田んぼの泥に漬ける．これを数十回から100回以上も繰返して深い黒茶色を引き出す．ここでは泥に含まれるFe^{3+}イオンが用いられる．

10・3 料理の化学

食生活を豊かにするためにさまざまな方法によって食品がつくり出されている．ここでは化学の目を通して料理について見てみよう．

発　酵

微生物により食品を変化させて，私たちに有益な結果をもたらす作用を**発酵**という．発酵に関わる微生物には，麹菌，酵母，乳酸菌などがある（図10・10）．

麹菌　カビ（糸状菌）の一種であり，アミノ酸，デンプン，脂質などを

アルカリ溶液中で，ロイコ型インジゴの−OH基からH^+が解離してイオン化（−O^-）することで水溶性となり，繊維の間に染み込むと考えられる．

この操作を何回も繰返すことによって，深い藍色を引き出す．このような染め方を"建て染め"という．

このような染め方を"焙煎染め"という．

シャリンバイの名前は，葉が車輪状につき，白い花がウメに似ていることに由来する．

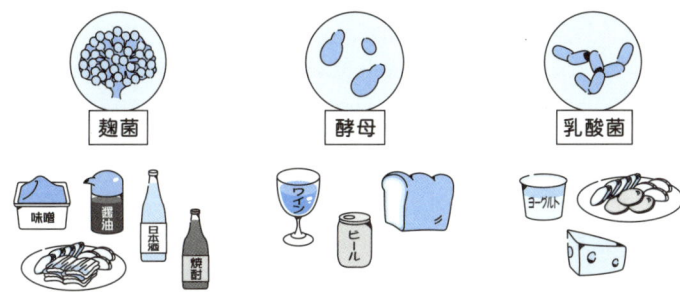

図10・10 発酵に関わる微生物と発酵食品

分解する酵素をつくり出す．味噌，醤油，日本酒，焼酎，漬物など，多くの発酵調味料や食品に用いられている．

酵母 球状や楕円形の単細胞の菌類であり，糖をアルコールと二酸化炭素に変える**アルコール発酵**を行う．ビール，ワイン，パンなどに用いられる．パンはつくるときに生じた CO_2 によって生地が膨らむ．

乳酸菌 糖を分解して乳酸をつくり出す（**乳酸発酵**）．ヨーグルト，チーズ，漬物などに用いられる．乳酸は酸でありpHを低下させる作用があるため，牛乳中のタンパク質（カゼイン）が変性して固まる（後述）．これがヨーグルトであり，さらに絞って水分を除いた固形分がチーズである．

そのほかに，発酵に関わる微生物として酢酸菌や納豆菌などがある．酢酸菌は空気中や果実などに存在し，アルコールを酢酸に変え，酢をつくり出す．
納豆菌は稲わらなどに存在し，タンパク質を分解し，うま味成分のアミノ酸をつくり出す．

そのほか，酵母は味噌，醤油，日本酒，紅茶，漬物，納豆など多くの発酵工程で作用している．

漬物がおいしくなる理由

野菜に食塩を加えると，浸透圧によって塩分の濃度が低い野菜の細胞内から外部に水分が移動し，細胞膜が縮小して細胞壁からはがれる（図1）．この現象によって細胞膜と細胞壁の間にすき間ができ，野菜はしぼんでしんなりとする．このすき間に食塩や調味成分が入り込んで，塩味や風味がかもしだされる．また，野菜には乳酸菌や腐敗菌が生育しているが，腐敗菌は塩分や酸が苦手であり，乳酸菌は酸素がないところでも生育する．このため，条件を整えれば，腐敗菌よりも乳酸菌が多くなり，酸味や独特のうま味のある漬物ができあがる．

浸透圧については 6・4 節参照．

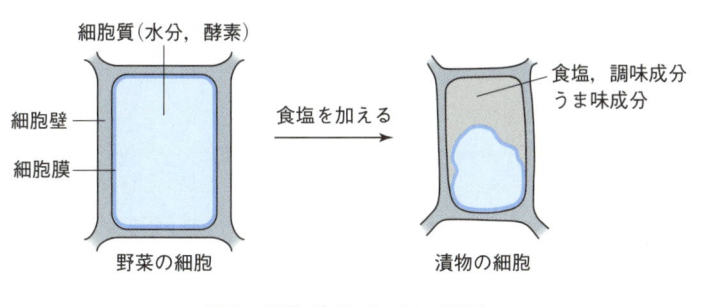

図1 漬物がおいしくなる理由

ご飯をふっくらと炊く

ご飯を炊くとふっくらとして粘り気が出るのは，なぜだろうか？ ここではその仕組みについて見てみよう．

コメの主成分はデンプンであり，直鎖状のアミロースと枝分かれ状のアミロペクチンからなる（図4・14）．日本のコメはアミロペクチンを多く含むため，粘り気をもちふっくらと炊きあがる．

さあ，ご飯を炊いてみよう．前もってコメに吸水させるとデンプンが少しずつ膨潤する．加熱を始めるとある温度で急激に水を吸収して膨潤する．さらに加熱を続けると，デンプン分子の間に形成された水素結合は熱や入り込んだ水分子により切断され，デンプン分子は大きく膨らむ（図10・11）．さらに，デンプンと水分子の間に水素結合が形成されるので，互いにからみ合って粘り気を増す．

加熱を終了したあと，10分程度ふたをあけずに蒸らすのは，この段階でご飯の表層組織が崩れて，ご飯に含まれる粘り気成分が表層を覆うためである．

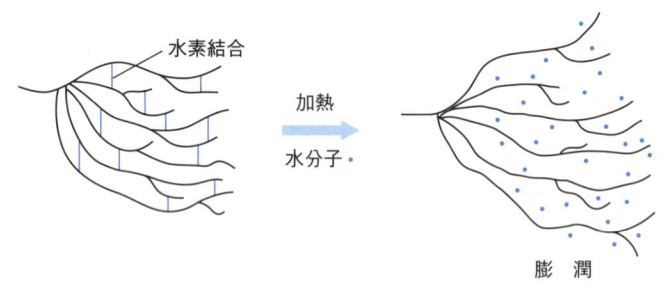

図10・11 ご飯がふっくらと炊ける仕組み

卵をゆでると固くなる

卵を水に入れて加熱すると，透明な卵白は60℃ぐらいから白くなり，80℃になると完全に固まり，ゆで卵になる．タンパク質を加熱すると，図7・8に示したαヘリックスやβシートにおける水素結合が切断されて，タンパク質の立体構造が崩れ，その形や性質が変化する．これをタンパク質の**変性**という．卵をゆでると固くなるのは，このように変性した複数のタンパク質分子がからみ合って凝集するためである（図10・12）．

70℃付近で一定の温度で加熱すると半熟の温泉卵ができあがる．

タンパク質の変性は，pHの変化（酸・アルカリ），界面活性剤，圧力の変化などによっても起こる．

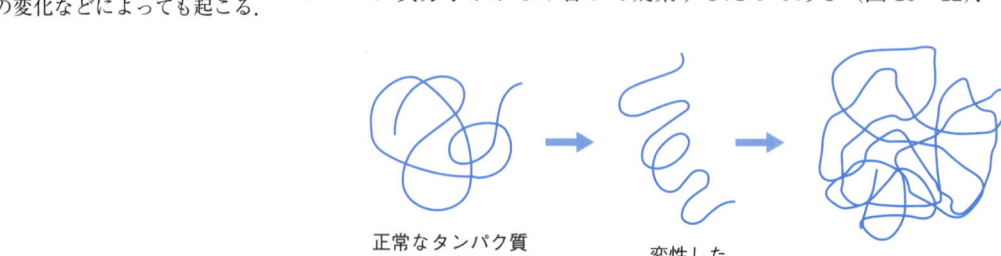

図10・12 タンパク質の変性の仕組み

味付けの合言葉「さしすせそ」

何種類かの調味料を加えるとき，順番は大切である．その合言葉は「さしすせそ」，つまり① 砂糖，② 塩，③ 酢，④ 醤油（せうゆ），⑤ 味噌の順に加えるとよい．

① 調味料のなかで"砂糖"は圧倒的に大きな分子であるので，食材に浸み込むのに時間がかかる．そのため，早い段階で加えたほうがよい．また，食材を柔らかくする働きがある．

② "食塩"は浸透圧を高くする効果が砂糖の6倍もあり，食材中の水分を外へ引き出すため，煮汁が薄まり，食材が硬くなる．そのため，砂糖より後に入れたほうがよい．

実は順番が問題になるのは砂糖と塩だけであり，あとは語呂合わせという説もある．それはともかく，早く入れすぎて加熱時間が長いと，酢は酸味が飛び，醤油や味噌は香りや風味がなくなってしまう．

浸透圧は溶質のモル数に比例する（6・4節）．食塩のモル質量は砂糖の6分の1であるので，同じグラム数におけるモル数は食塩のほうが砂糖の6倍になる（3・8節）．その結果，浸透圧は6倍になる．

乳　化

牛乳には脂肪が含まれている．脂肪は水に溶けないはずであるが，牛乳では，どうして分離せずに液体の状態になっているのだろうか？

牛乳にはカゼインという水溶性のタンパク質が含まれており，脂肪のまわりを取囲むことによりミセルを形成し，微粒子となって水の中に散らばっている（4・6節）．このような状態を**コロイド**という．また，界面活性剤（乳化剤）を加えて，水と油のうちいずれかが液体の微粒子となって，もう一方の媒質中に散らばり白く濁った状態にすることを**乳化**という．乳化は食品だけでなく，化粧品などでも利用されている．

図10・13に示すように，乳化剤によって，アイスクリーム，マヨネーズなどでは水の中に油が散らばっており，バターやマーガーリンなどでは油の中に水が散らばっている．

コロイド粒子は沈殿せずに媒質中に散らばっている．これは，コロイド粒子の表面がプラスあるいはマイナスの電荷をもち，粒子の間に静電的な反発が生じ，さらに水分子が入り込んでいるためである．これに少量のイ

微粒子とはいっても，普通の分子の何千倍という大きさである．

牛乳ではカゼインが乳化剤の役割を果たしている．

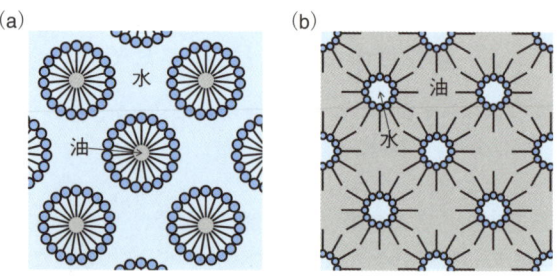

図10・13 **食品と乳化剤** (a) 水の中に油が微粒子となって散らばっている。アイスクリーム、マヨネーズなどの場合。(b) 油の中に水が微粒子となって散らばっている。バターやマーガリンなどの場合

オン性物質を加えると，コロイド粒子と反対の電荷をもつイオンが結合して静電的な反発が中和され粒子が集まって沈殿する（図10・14）。

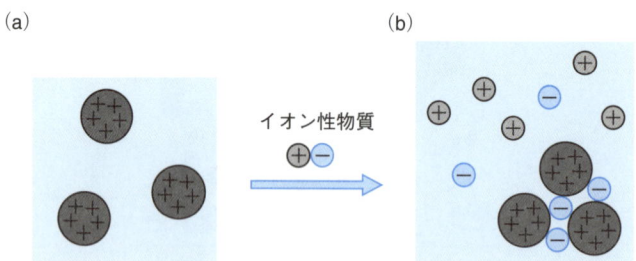

図10・14 **コロイド粒子の沈殿**

> 牛乳やクリームに塩や酢を入れてバターやチーズをつくるのも同じことである．

タンパク質のコロイドである豆乳に，にがり（$MgCl_2$）を加えると，タンパク質の負電荷の部分に Mg^{2+} が結合して，タンパク質どうしをつなぎとめ凝固させることで豆腐ができあがる．

10・4 住まいの化学

私たちの生活はあらゆる場面で化学に支えられている．ここでは，特に光に関連した住まいの化学について見てみよう．

LED

> 蛍光灯では両端についた電極から電子が飛び出し，ガラス管に封入した水銀蒸気に衝突させることで紫外線が放出され，その紫外線がガラス管の内側に塗ってある蛍光物質にあたって可視光が放出される．

蛍光灯が登場したことで，夜でも昼間と同じような明かりを得ることができるようになった．さらに最近では，蛍光灯よりも消費電力が小さく，寿命が長く，環境にもやさしいなどの理由で"LED"が広まっている．ここでは，その仕組みについて簡単に見てみよう．

LEDは"発光ダイオード"のことであり，半導体を利用している．**半導体**は電気をよく通す物質と電気を通さない物質の中間的な性質をもつ．

半導体にはケイ素 Si（シリコン）などがあるが，さらに電気伝導性を高めるために不純物（ドーパント）を混ぜる（ドーピング）ことがある．このような半導体には二つのタイプがある．

不純物として 13 族のホウ素 B などを混ぜたものを **p 型半導体**（電子不足半導体）という．B はまわりの Si に比べて，電子が 1 個不足しているため，この部分が電子の抜けた"孔（あな）"となり（図 10・15a），この孔に隣の Si から電子が移動してくる．その結果，このような孔がつぎつぎと移動することで電流が流れる．電子の抜けた孔は正電荷をもつと考えてよく，そのため **正孔** とよばれる．

ケイ素は 14 族であり最外殻に 4 個の電子をもつが，13 族のホウ素では最外殻に 3 個の電子しかない．

p 型半導体における電子不足は図 10・3 に示したドーピングの仕組みと同じである．

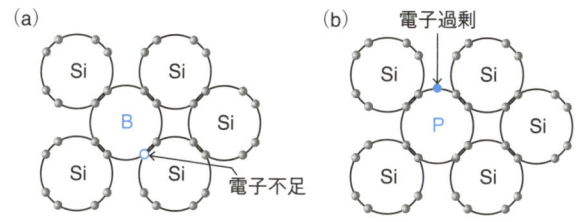

図 10・15　ホウ素をドープした p 型半導体(a) およびリンをドープした n 型半導体(b)

一方，15 族のリン P などを混ぜたものを **n 型半導体**（電子過剰半導体）という．P はまわりの Si に比べて，電子が 1 個過剰になるため（図 10・15b），金属の自由電子のように動くことができる．

15 族のリンは最外殻に 5 個の電子をもつ．

この p 型半導体と n 型半導体を原子レベルで接合した素子が **ダイオード** である（図 10・16）．ここで p 型のほうが正，n 型のほうが負になるように電圧をかけると，p 型から n 型の方向に"正孔"が移動し，n 型から p 型の方向に"電子"が移動し，p 型と n 型が接合した面で，正孔と電子が合体して消滅する．このとき，エネルギーが光として放出される．

LED のときの逆の現象を利用したものが，次節で紹介する"太陽電池"である．

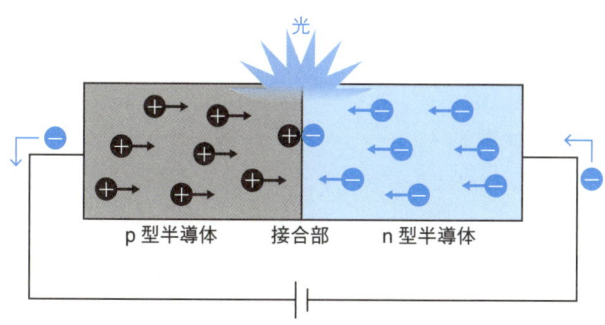

図 10・16　LED の発光の仕組み

光 触 媒

空気清浄機や抗菌タイルなど，脱臭，抗菌，汚れの防止などに"光触媒"が利用されている．**光触媒**は光エネルギーを利用して化学反応を起こす触媒である．ここでは光触媒の仕組みについて簡単に見てみよう．

光触媒には二酸化チタン TiO_2 という半導体が用いられる．半導体には，電子で満たされた価電子帯と電子が存在していない伝導帯がある．この二つのエネルギー帯の間に相当する光エネルギーを与えると，電子が伝導帯に移動し，価電子帯には電子の抜けた孔（正孔）が生じる（図 10・17）．この正孔は酸化力が強く，TiO_2 表面の水分子を分解して，ヒドロキシルラジカル・OH を発生させる．このラジカルは反応性が高く，さまざまな物質の分解反応などに関わる．

> TiO_2 が吸収する光は可視光に近い紫外線である．さらに可視光を有効に利用できるように可視光型のものも開発されている．

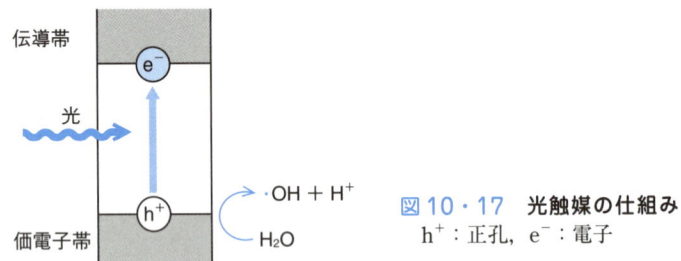

図 10・17 光触媒の仕組み
h^+：正孔，e^-：電子

光触媒には"超親水性"という別の機能も見いだされ，曇らないガラスや鏡などに利用されている．窓ガラスなどの曇りは，表面に生じた無数の小さな水滴による光の乱反射により起こる．そこで，図 10・18 に示したように光触媒をコーティングすることで水滴は広がり均一な膜になる（超親水性）ため，表面の曇りを防止することができる．

図 10・18 超親水性

10・5 いろいろな電池

電池にはさまざまな種類がある．その多くは化学反応を利用したものであり，乾電池やリチウムイオン電池，燃料電池などがある．そのほか，光などの物理的なエネルギーを利用したものもあり，太陽電池は再生可能なエネルギー源としても重要である（9・4節）．

> 簡単な電池の仕組みについては 6・6 節ですでにふれた．

リチウムイオン電池

リチウムイオン電池はノートパソコンや携帯通信機器など，さまざまなところで広く利用されている．乾電池とは異なり，充電によって繰返し使用できる．

図 10・19 にリチウムイオン電池の仕組みを示した．正極にはリチウム Li を含む金属酸化物，負極にはグラファイト（図 4・4）が用いられる．両者は

> リチウムイオン電池の開発により，吉野彰は 2019 年にノーベル化学賞を受賞した．

層状の構造をしており，層の間にリチウムイオン Li^+ を取込むことができる．充電では，外部電源により電子 e^- を正極から負極に向かって注入する．すると，電気的な中性を保つために，正極の金属酸化物から Li^+ が抜けて負極まで移動し，グラファイト内に取込まれる．一方，放電では，負極のグラファイトから Li^+ が抜けて正極まで移動し，金属酸化物に取込まれる．このとき，電子は負極から正極に向かって移動し，電流が流れる．

リチウムイオン電池では，両極間を Li^+ が行き来するための媒体（電解質）には有機溶媒が用いられている．このため，液漏れや発火・爆発などの危険性があり，安全性などの観点から，電解質として固体を用いた"全固体電池"の開発が進められている．

図10・19　リチウムイオン電池の仕組み

燃料電池

水素ガスなどの燃料を燃やして，電気を発生させる装置を**燃料電池**という．大気汚染物質や温室効果ガスである二酸化炭素の排出を大きく減らせるという長所があり，自動車の動力源などとして実用化が始まっている．

図10・20は高分子固体を電解質（水に溶けて電気を通す物質）として使用した水素燃料電池の模式図である．負極で水素が分解されて，水素イオンと電子になり，電子が外部回路を通って移動することで，電流が流れる．また，水素イオンは高分子固体電解質を通って正極に移動し，酸素と

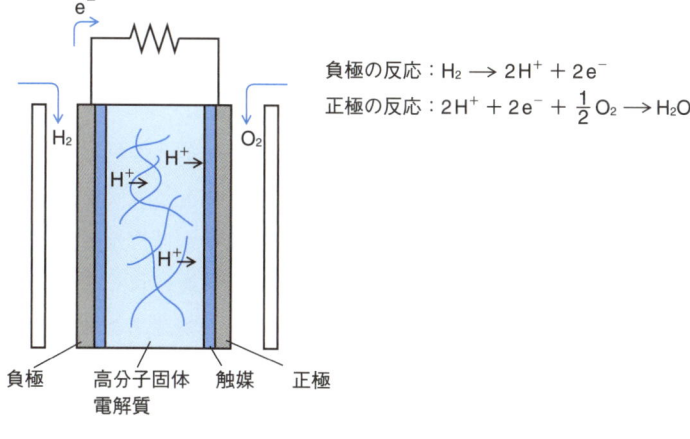

負極の反応：$H_2 \longrightarrow 2H^+ + 2e^-$
正極の反応：$2H^+ + 2e^- + \frac{1}{2}O_2 \longrightarrow H_2O$

図10・20　水素燃料電池の仕組み

反応して水に変化する．このため，水素燃料電池はクリーンなエネルギー源といえる．

太陽電池

太陽光は地球上に無限に降り注ぐため，持続的に利用できるエネルギー源として重要である．**太陽電池**は光エネルギーを電気エネルギーに変換する装置である．太陽電池にはいくつかの種類があるが，最も一般的なものは半導体であるケイ素（シリコン）を利用している．

前節で紹介したLEDと同様に，シリコン太陽電池はn型半導体とp型半導体を接合してできている．しかし，LEDとは逆の仕組みにもとづく（図10・21）．太陽電池に照射された光が透明電極を通して2種類の半導体が接合した面に到達すると，電子と正孔が発生する．電子はn型半導体に向かって移動し，正孔はp型半導体に向かって移動し，電荷の分離が起こる．そのため，二つの半導体が接合した面で電圧が発生し，外部回路につなげば電流が流れる．

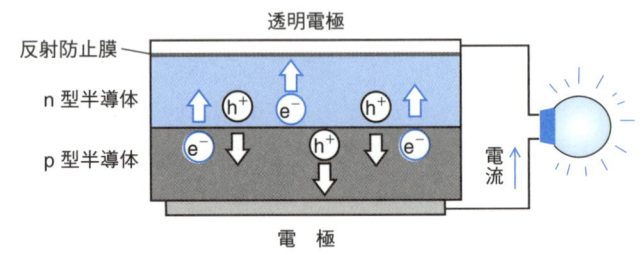

図10・21 シリコン太陽電池の仕組み

そのほかの太陽電池として，有機物質や高分子を利用したものがある．

有機薄膜太陽電池 有機物質や高分子でp型半導体とn型半導体をつくり，シリコン太陽電池と同じ原理で電気を発生する．

> 有機太陽電池はシリコン太陽電池に比べて発電効率（変換効率）は劣るが，軽量で，柔軟性があり，加工しやすいなどの利点をもつ．

色素増感太陽電池 前節の光触媒でふれた二酸化チタン TiO_2 を用いたものである．TiO_2 では価電子帯と伝導帯のエネルギー差が大きいため紫外線しか吸収できないが，TiO_2 に色素を付着させるとエネルギーの低い可視光を感受できるようになる（色素増感）．色素が可視光を吸収すると電子が伝導帯に移動し，さらに TiO_2 の伝導帯に受渡され，その電子が透明電極および外部回路を通って，反対側の電極に移動することで電流が流れる．反対側の電極に移動した電子は電解液中のヨウ素 I_2 に渡され，ヨウ化物イオン I^- となり，これが光を吸収して電子を失った色素に電子を渡し，色素が再生する．

章末問題

10・1 高吸水性高分子が吸収すると，分子の"かご"が広がる理由を述べよ．

10・2 導電性高分子におけるドーパントにはどのような役割があるか，道路での車の渋滞になぞらえて答えよ．

10・3 洗剤によって汚れを落とす仕組みについて説明せよ．

10・4 保湿剤によって角質層内に水分が保持される仕組みについて簡潔に述べよ．

10・5 染料で染めた色が洗っても落ちない理由を二つあげよ．

10・6 アルコール発酵と乳酸発酵について説明せよ．また，それぞれの発酵食品について二つずつあげよ．

10・7 ご飯を炊くとふっくらとして柔らかくなる理由を述べよ．

10・8 牛乳を例にして，乳化とは何かを説明せよ．

10・9 つぎの文の空欄に適当な語句を入れて完成せよ．
ケイ素 Si に 13 族のホウ素 B などを混ぜたものを ① 半導体という．B はまわりの Si に比べて電子 1 個が ② しているため，この部分が電子の抜けた孔となり，この孔に隣の Si から電子が移動してくる．一方，15 族のリン P などを混ぜたものを ③ 半導体という．P はまわりの Si に比べて電子 1 個が ④ になるため，金属の ⑤ のように動くことができる．

10・10 光触媒に用いられる物質は何か．また，光触媒がさまざまな物質を分解できる理由を述べよ．

10・11 水素燃料電池が環境にやさしいエネルギー源である理由を述べよ．

10・12 太陽電池にはどのような種類があるか，三つあげよ．

これで，『化学の旅』をひとまず終えることにしよう．この本を閉じれば，また日常の世界が待っている．その日常は，みんなの目にどのように映るのだろうか．「化学って楽しい！」，「化学ってとても役に立つ！」などと思ったなら，きっと新たな発見があるに違いない．そして，化学の楽しさを友人に語り，友人がまた化学を好きになり，と化学好きの輪が広がっていく．

　『化学の旅』はこれからも続くだろう．極小の原子の世界から広大無辺な宇宙まで駆け上がり，未来へ走り，過去へ戻り，旅人を化学の世界へ案内する．どこかで，「化学の旅が出発しまーす」と案内が聞こえたなら，迷わず旅に出よう．きっと，素晴らしい世界が待っていることだろう．

章末問題の解答

ほとんどの問題の答えは該当する章の本文に記述されているので，そちらを参照されたい．

2章

2・7
a) 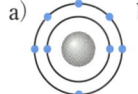 b) 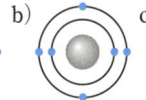 c) 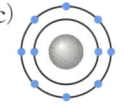 d)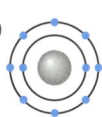

3章

3・4 おおよその目安として，結合原子間の電気陰性度の差が 1.7 以上であればイオン結合となり，1.7 未満であれば共有結合となる．
a) イオン結合，b) イオン結合，c) 共有結合

3・7 a) $BaCl_2$，b) Na_2CO_3，c) $Ca(NO_3)_2$，d) $Al_2(SO_4)_3$

3・8 a) 44.01，b) 74.55，c) 96.07

3・9 e) > b) > d) > c) > a)

3・10 a) > c) > d) > b)

4章

4・9 綿，コンタクトレンズ，寒天，ペットボトル，紙，発泡スチロール，豚肉，絹，レジ袋，接着剤

5章

5・2 c) 液相，d) 圧力が 5.11 atm 以下であること

5・4 体積は変化しない

5・5 ① $a=2, b=3, c=1, d=3$，② $a=4, b=3, c=2$

5・6 $C(s) + O_2(g) = CO_2(g) + 393.3 \text{ kJ}$

5・11
$$K_c = \frac{[NH_3]^2}{[N_2][H_2]^3}$$

5・12 a) 右へ移動，b) 左へ移動，c) 右へ移動

6章

6・1 ①，②，④，⑤

6・4 a) 160 g の NaOH は 4.0 mol であるから，4.0 mol/6.0 L = 0.67 mol L^{-1}
b) 3.4 g のアンモニアは 0.200 mol であるから，0.200 mol/0.300 kg = 0.677 mol kg^{-1}
c) (50 g/350 g)×100 = 14.3 %

6・6 ベンゼンの融点は 5.5 ℃であるので，この溶液における融点降下は 5.12 ℃となる．これはベンゼンのモル融点降下定数に等しい．つまり，ベンゼン 1 kg にこの物質が 1 mol 溶けていることになる．よって，分子量は 300 となる．

6・7 浸透圧によって，水分は塩分の濃度の高い漬物のほうに移動するためである．

6・9 pH で 4 違うので 10^4，つまり 1 万倍になる．$[H^+] = 10^{-pH} = 10^{-3}$ mol L^{-1}，$[OH^-] = 10^{-11}$ mol L^{-1}

6・11 酸化される物質は酸化数が増加し，還元される物質は酸化数が減少する．
酸化される物質：a) Fe，b) Mg，c) O_2
還元される物質：a) O_2，b) H_2，c) H_2

6・12 イオン化傾向の大きいアルミニウム

7章

7・12 ステアリン酸 1 mol の質量は 284 g mol^{-1} であるから，ステアリン酸 1 g あたりに発生するエネルギーは，

$$\frac{11300 \text{ kJ mol}^{-1}}{284 \text{ g}} = 39.8 \text{ kJ g}^{-1}$$

となる．4.18 kJ = 1 kcal を用いて換算すると，

$$\frac{39.8 \text{ kJ g}^{-1}}{4.18 \text{ kJ kcal}^{-1}} = 9.52 \text{ kcal g}^{-1}$$

であり，ステアリン酸 1 g あたりに発生する熱量は 9.52 kcal となる．

8章

8・9 たとえば，アイスクリームには安定剤，乳化剤，着色料などが，カップ麺には調味料，酸化防止剤，酸味料などが含まれている．

9章

9・13 半減期 $t_{1/2}$ だけ時間が経つと最初の量の半分になり,さらに $t_{1/2}$ だけ経って $2t_{1/2}$ になると最初の量の 1/4 となり,さらに $t_{1/2}$ 経って $3t_{1/2}$ になると最初の量の 1/8 になる.よって,3 週間後には最初の量の 1/8 になる.

索引

あ

iPS 細胞　94
IUPAC 命名法　36
亜　鉛　101
アクチノイド　18
アコニチン　105
亜硝酸ナトリウム　108
アスパルテーム　107
アスピリン　98
アセチル CoA　91
アセチルコリン　106
アセチルサリチル酸　98
アセチレン　34, 36
アセトアルデヒド　37
圧　力
　気体の──　48
アデニン　86
アデノシン三リン酸　92
アドレナリン　102
アフラトキシン　108
アヘン　103
アボガドロ数　26, 27
アボガドロ定数　26
アミグダリン　105
アミド結合　40
アミノ基　81, 85
アミノ酸　81, 82, 85, 88, 91
アミノ酸誘導体　101
アミロース　42, 43, 134
アミロペクチン　42, 43, 134
アモルファス固体　31
アリザリン　131
アリール基　35
RNA　78, 79, 85, 87, 88
アルカリ金属　13, 15, 23
アルカリ性　70
アルカリ土類金属　16
アルカン　33, 36
アルキル基　35
アルキン　34, 36
アルケン　34, 36
アルコール　37, 62
アルコール発酵　122, 133

い, う

アルゴン　17, 113
α 線　122
α ヘリックス　82, 83, 134
アルミニウム　16, 112
アレニウスの定義　69
アンフェタミン　103
アンモニア　55, 59, 70, 72, 91

硫　黄　16
イオン　13
イオン化エネルギー　13, 14
イオン化傾向　74
イオン結合　19, 20
イオン結晶　20, 62
異性体　38
一次反応　54
1 価不飽和脂肪酸　90
一酸化炭素　117
遺伝子　85, 93, 94
遺伝子組換え　93
遺伝情報　85, 93, 94
　　──の暗号化　87, 88
EPA　90
医薬品　97
医療放射線　123
陰イオン　14, 20, 63
インジウム　16
インジゴ　131, 132

ウイルス　78
ウラシル　87
ウラン　120

え

エイコサペンタエン酸　90
AMP　92
液　晶　45
液　体　47, 48
液　胞　79
s 軌道　8, 9

エタノール　37, 62
エタン　33
エチル基　35
X　線　118, 122, 123
ATP　92
ADP　92
エテン（エチレン）　34, 36, 39
n 型半導体　137, 140
エネルギー
　──の種類　119
　──の生産　80, 90, 91
　化学反応と──　51
　生命活動に必要な──　78
　食べ物に含まれる──　92
　電子殻および軌道の──　8
　電磁波の──　118
エフェドリン　103
LED　136
LD_{50}　106
塩化水素　22
塩化ナトリウム　19, 20, 23, 25, 26, 27,
　　　　　　　　　29, 72
塩　基　68, 69, 85, 86, 92
塩基解離定数　70
塩基性　68, 70, 71
塩基の配列順序　87
塩　酸　69, 72
炎色反応　16
延　性　30
塩　素　7, 17, 39
エンタルピー　52

お

オキソニウムイオン　69
オゾン層　113, 118, 119
オゾンホール　118
ω 系不飽和脂肪酸　90
オルトニトロフェノール　108
オレイン酸　90
温室効果　117
温室効果ガス　117
温　度
　気体の──　48
　酵素の働きと──　84

146 索引

か

外因性内分泌かく乱物質　115
海　水
　　——の化学組成　114
解糖系　91
界面活性剤　42, 129, 135
海　洋　113
化　学　1
化学結合　19
化学式　25
化学反応　47, 77, 78
　　——とエネルギー　51
　　——の表し方　50
　　——の速さ　53
　　生命活動に必要な——　83
化学反応式　2, 50
　　——のつり合い　51
化学物質
　　——による情報伝達　103
　　——の二面性　114
化学平衡　56
可逆反応　56
核　79, 80, 112
核　酸　77, 85
核小体　79
覚せい剤　103
　　——の作用　104
核分裂反応　120
核　膜　79
化合物　29
可視光　118
価　数　13
化石エネルギー　119
活性化エネルギー　52, 54, 55, 84
価電子　11, 13, 20
価電子帯　138, 140
果　糖　41
カーボンナノチューブ　32
ガラス　31
カリウム　16, 100, 16
カルコゲン　16
カルシウム　16, 100
カルボキシ基　37, 81, 85, 89, 127
環境ホルモン　115, 116
還　元　72, 73
還元剤　73
幹細胞　94
緩衝液　71
環状化合物　35, 36
緩衝作用　71
感染型細菌　109
官能基　37
γ 線　118, 122
顔　料　131

き

貴ガス　17
気　圏　111
基質特異性　84
気　体　47
　　——の性質　48
　　——の水に対する溶解度　64
軌　道　8
　　——の形　9
希土類　18
基本骨格　35
吸熱反応　51
強塩基　70
強　酸　69
共　役　69
共役塩基　69, 71
共役化合物　34, 35, 128
共役酸　69
共有結合　19, 21, 22
極性共有結合　22, 23
極性分子　24
金　属　15, 19, 30
金属結合　19, 20
金属結晶　20
金属光沢　30

く

グアニン　86
空　気　29
クエン酸回路　91
グラファイト　32, 138
グリセロリン脂質　89
グリセロール（グリセリン）　88, 130
グリーンケミストリー　123
グルコース　41, 42, 91, 92
グルタミン酸　81, 82
グルタミン酸ナトリウム　107
クレブス回路　91
グレリン　102
クロロフルオロカーボン　118

け

ケイ素　16, 31, 112, 137, 140
化粧品　130
血液毒　104, 105
結合手　21, 33
結合電子雲　21
結　晶　19

ゲノム　94
ゲノム編集　95
ケミカルリサイクル　126
ゲル　128
ゲルマニウム　16
原核細胞　79, 109
原　子　5, 13
　　——の種類　6
原子核　5, 24
原子番号　7
原子量　7
原子力エネルギー　120
元　素　7
　　——の性質と周期性　13
　　——の存在量　112
元素記号　1, 7

こ

コ　ア　112
高吸水性高分子　127
合　金　31
光合成　78, 90
麹　菌　132
合成高分子　38
抗生物質　97
酵　素　55, 83, 87, 97, 129
　　——の特異性　84
　　——の働く条件　84
構造式　33
高分子　38, 81, 127
酵　母　133
氷　47
　　——の構造　61
呼　吸　90
黒　鉛　32
固　体　47
　　——の水に対する溶解度　63
コデイン　103
コラーゲン　83
孤立電子対　21
ゴルジ体　79, 80
コレステロール　45, 89
コロイド　135
混合物　29
混成軌道　21

さ

細　菌
　　食中毒と——　109
再生可能エネルギー　120
細　胞　77
　　——の構造　79

細胞小器官　79, 80
細胞毒　104, 105
細胞壁　79, 97, 133
細胞膜　44, 67, 79, 81, 89, 133
　　──の構造　80
酢　酸　37, 69, 72
酢酸菌　133
砂　糖　63, 135
サーマルリサイクル　125
サリチル酸　98
サリン　106
サルモネラ菌　109
酸　68, 69
酸　化　72, 73
酸解離定数　69
酸化剤　73
酸化数　72, 73
酸化的リン酸化　92
三重結合　22, 34
三重点　48
酸　性　68, 70, 71
酸　素　7, 11, 16, 29, 82, 112, 113
酸素分子　19, 22

し

紫外線　118, 119
紫外線吸収剤　131
紫外線散乱剤　131
紫外線防止剤　131
色素増感太陽電池　140
式　量　26
シクロプロパン　34, 35, 36, 36
自己複製　85
脂　質　88, 91
シス形　38
シス-トランス異性体　38
自然放射線　123
シックハウス症候群　115
実在気体　50
質量数　7
質量パーセント濃度　65
質量モル濃度　65, 67
シトシン　86
シナプス　104, 106
脂肪細胞　102
脂肪酸　88, 89, 91
弱塩基　70
弱　酸　69
シャボン玉　44
周　期　12
周期性
　　元素の──　12, 23
周期表　2, 12
重金属　116
臭　素　17

自由電子　13, 14, 20, 30, 137
重粒子線　123
主要族元素　13, 15
受容体　102, 103, 115
純物質　29
昇　華　48
蒸気圧降下　65
脂溶性ビタミン　99, 100
女性ホルモン　115
状態図　48
状態方程式
　　ファンデルワールスの──　50
　　理想気体の──　49
小　胞　80, 81
小胞体　79, 80
情報伝達物質　102
食　塩　19, 25, 26, 27, 29, 62, 63, 135
食塩水　29, 62
食中毒　109
触　媒　55, 84
食品添加物　107
植物細胞　79
植物毒　105
女性ホルモン　116
ショ糖　42
シリカガラス　31
シリコン太陽電池　140
C_{60}　32
真核細胞　79
神経細胞　79
神経伝達物質　103, 106
神経毒　104, 105, 106, 110
人工甘味料　107, 108
人工多能性幹細胞　94
深層水　113
浸　透　67
浸透圧　68, 133, 135

す

水　銀　116
水　圏　111
水酸化物イオン　69
水酸化カルシウム　25
水酸化ナトリウム　69, 70, 72
水蒸気　47, 113
水　素　7, 11, 15
水素イオン　15, 69, 70
水素イオン濃度　70, 71
水素結合　24, 41, 61, 62, 63, 82, 86, 130, 134
水素燃料電池　139
水素分子　21
水溶性ビタミン　99, 100
水　和　63
スクラロース　107

スクロース　42, 63
ス　ズ　16
ステアリン酸　53, 89
ステロイド　89
ステロイドホルモン　101
スピン　10, 21

せ, そ

制限酵素　94
正　孔　137, 138, 140
青　酸　105
生成物　50, 56, 57, 58
成層圏　113
生体内毒素型細菌　109
生物学的半減期　123
生物圏　111
生分解性プラスチック　124
生　命
　　──のおもな特徴　77
生命圏　111
石英ガラス　31
赤外線　117, 118
セッケン　42
セルロース　42, 43, 79, 122, 129
繊　維　40
遷移元素　13, 15, 17
遷移状態　52
全固体電池　139
洗　剤　42, 129
染　料　131
相対原子質量　7
族　12
束一的性質　65
速度定数　54
ソーダガラス　31
存在確率
　　電子の──　6, 9

た

ダイオキシン　114, 115
ダイオード　137
大　気　113
大気圏　111
体積モル濃度　64
大腸菌　109
ダイヤモンド　32
太陽電池　140
対流圏　113
多価不飽和脂肪酸　90
多糖類　41, 42, 43
多量ミネラル　100

炭化水素　33
　──の命名法　36
単結合　22
炭水化物　41
男性ホルモン　101, 102
炭　素　7, 11, 16
　──の同素体　32
単　体　29
単糖類　41, 42
タンパク質　79, 80, 81, 87, 88, 91
　──の変性　105, 134
　──の立体構造　82, 83, 134
単分子膜　44

ち, つ

地　殻　112
置換基　35
地　球
　──の構造　112
地球温暖化　117
地球温暖化係数　117
地球大気
　──の組成　113
地　圏　111
窒　素　11, 16, 29, 113
窒素分子　19, 22
チミン　86
中　性　68, 71
中性子　5
中性子線　122
中性脂肪　88
中　和　71
超ウラン元素　18
腸炎ビブリオ菌　109
超親水性　138
超伝導状態　30
調味料　107
超臨界状態　48

使い捨てプラスチック　124
漬　物　67, 133

て, と

DHA　90
DNA　77, 79, 85, 88
　──の基本的な構造　86
d 軌道　8, 9
デオキシリボ核酸（DNA）　85
デオキシリボース　85
テストステロン　101, 102
鉄　19, 20, 55, 72, 101, 112
テトロドトキシン　105

電気陰性度　23, 73
電気信号
　──による情報伝達　103
電気伝導性　30
電　子　5, 72, 73, 137
電子雲　6, 24
電子殻　8
電子親和力　14, 15
電子伝達系　92, 105
電磁波　122
　──の種類　118
電子配置　10, 11
転　写　87
展　性　30
電　池　74, 75, 138
伝導帯　138, 140
天然高分子　38, 41
デンプン　42, 43, 91, 134

糖　85, 91, 92
同位体　7, 122
糖　質　41
同素体　32
導電性高分子　128
動物細胞　79
動物毒　105
透明点　45
毒　104
毒素型細菌　109
ドコサヘキサエン酸　90
突然変異　94
ドーパミン　103, 104
ドーパント　128, 137
ドーピング　128, 137
トランス形　38
トランス脂肪酸　89
トリアシルグリセロール　88

な 行

ナイロン　40, 41
納豆菌　133
ナトリウム　16, 101
鉛　16

二酸化炭素　25, 62, 113, 117, 121
二酸化チタン　131, 138, 140
二次反応　54
二重結合　22, 34, 35, 89, 90
二重らせん　85, 86
ニッケル　112
二糖類　42
ニトロソアミン　108
二分子膜　44, 80, 81
ニホニウム　17
乳　化　135

乳化剤　135, 136
乳酸菌　133
乳酸発酵　125, 133
ニューロン　103

ヌクレオシド　85
ヌクレオチド　85

ネオン　11, 14, 17
熱化学方程式　51
熱伝導性　30
燃　焼　50
燃料電池　139

濃　度　64
濃度平衡定数　58
ノニルフェノール　115, 116

は

バイオエタノール　122
バイオマス　121
バイオマス燃料　121
バイオマス発電　121
バイオマスプラスチック　125
パウリの排他原理　10
発がん物質　108
発　酵　109, 121, 125, 132
発光ダイオード　136
発熱反応　51
ハロゲン　14, 17, 23, 25
半金属　15
半減期　123
半数致死量　106
半導体　16, 136
半透膜　67
反応エンタルピーの変化　52
反応座標　54
反応速度式　54
反応速度定数　54, 57
反応特異性　84
反応熱　52
反応物　50, 56, 57, 58

ひ

ヒアルロン酸　130
pH　71
　酵素の働きと──　84
pH 調整剤　71
PM2.5　116
非化石エネルギー　119, 120
p 型半導体　137, 140
光触媒　138

p 軌道　8, 9
非共有電子対　21, 22, 61
pK_a　70
pK_b　70
非晶質固体　31
微小粒子状物質　116
ビスフェノール A　115, 116
ヒ　素　16
ビタミン　99
ビタミン E　99, 100
ビタミン A　99, 100
ビタミン C　99, 100
ビタミン D　99, 100
ビタミン B_1　99, 100
ヒドロキシ基　37, 41, 62, 63
ヒドロニウムイオン　69
病原性大腸菌　109
標準原子量　7
表層水　113
ピリミジン塩基　86
微量ミネラル　100

ふ

ファンデルワールスの状態方程式　50
ファンデルワールス力　32, 62, 24
ファント・ホッフの式　68
フェニル基　35
フェノール　37
フグ毒　105
ブタジエン　34
ブタン　33, 50, 51
ブチルヒドロキシアニソール　108
不対電子　21
フッ化水素　62
物質の三態　47
フッ素　11, 14, 17, 23, 39
沸　点　48, 62
沸点上昇　67
物理学的半減期　123
ブドウ球菌　109
ブドウ糖　41
腐　敗　109
不飽和化合物　34
不飽和結合　89
不飽和脂肪酸　89
　——の分類と表し方　90
浮遊粒子状物質　116
プラスチック　124, 127
フラーレン　32
プリン塩基　86
フルクトース　41, 42
ブレンステッド・ローリーの定義　69
プロゲステロン　116
プロスタグランジン　99
プロパン　33

プロピル基　35
フロン　117, 118, 119
分　化　94
分散力　24
分　子　19
分子間力　19, 23
分子式　25
分子膜　44
分子量　25
フントの規則　10

へ

閉殻構造　11, 13, 14, 17
平衡状態　56, 57, 57
平衡定数　58
β シート　82, 83, 134
β 線　122
ヘテロサイクリックアミン　108
ペニシリン　97, 98
ヘビ毒　105
ペプシン　85
ペプチド　81
ペプチド結合　81
ペプチドホルモン　101, 102
ヘ　ム　82
ヘモグロビン　82, 83, 101
ヘリウム　11, 13, 17, 122
ベリリウム　11
ヘロイン　103
変　性
　タンパク質の——　85, 105, 134
ベンゼン　34, 35
ベンゾピレン　108
ペンタン　35, 36
ヘンリーの法則　64

ほ

芳香族化合物　35
放射性同位体　122
放射性物質　122
放射線　122
　自然界の——　123
ホウ素　11, 16, 137
飽和結合　89
飽和脂肪酸　89
飽和炭化水素　33
保湿剤　130
ボツリヌス菌　109, 110
ポリアクリロニトリル　39
ポリアセチレン　128
ポリアミド　40
ポリエステル　40

ポリエチレン　39
ポリエチレンテレフタラート　40, 41, 126
ポリ塩化ビニリデン　39
ポリ塩化ビニル　39
ポリ酢酸ビニル　39
ポリスチレン　39
ポリテトラフルオロエチレン　39
ポリ乳酸　125
ポリビニルアルコール　39
ポリプロピレン　39
ポリペプチド　82
ポリマー　38
ホルミル基　37
ホルムアルデヒド　115
ホルモン　101, 115
翻　訳　87

ま 行

マイクロ波　118
マイクロプラスチック　124
マグネシウム　16, 101, 112
マテリアルリサイクル　125
麻　薬　103
マントル　112

ミオグロビン　82, 83, 101
水　26, 29, 61, 62, 69
　——の状態図　48
　——の状態変化　47
水のイオン積　70
水分子　2, 19, 22, 23, 24, 25, 27, 61, 63
ミセル　44, 129, 135
ミトコンドリア　79, 80, 91, 92, 105
水俣病　116
ミネラル　100

無機質　100
無機物質　29

命名法　36
メタノール　37
メタン　33, 62, 117
メタン発酵　121
メタンフェタミン　103
メチシリン　98
メチル基　35

モノマー　38
モ　ル　2, 26
モル質量　27
モル濃度　64
モルヒネ　103
モル沸点上昇定数　67
モル融点降下定数　67

や行

有機化合物　16, 32
　　有害な——　114
有機水銀　116
有機薄膜太陽電池　140
有機物質　29, 32
融　点　45, 48, 62
融点降下　66

陽イオン　13, 20, 63
溶　液　62
　——の性質　65
　——の濃度　64
溶解度　63
陽　子　5
溶　質　62

ヨウ素　17, 25, 128, 140
溶　媒　62
溶媒和　63
葉緑体　79

ら行

ラジオ波　118
ラジカル　119, 138
ラドン　123
ランタノイド　18

リサイクル　124, 125
リシン　105
理想気体　49
理想気体の状態方程式　49
リチウム　11, 13, 16
リチウムイオン電池　138, 139

リノール酸　89, 90
リノレン酸　90
リボ核酸（RNA）　85
リボース　87
リボソーム　79, 87
量子化　9
両親媒性分子　42, 43, 129
両　性　69
リ　ン　16, 137
臨界温度　30
臨界点　48
リン酸　85, 89, 92
リン脂質　80, 89

ル・シャトリエの法則　59, 71

レプチン　102

ロウソク
　——が燃える仕組み　53

齋　藤　勝　裕
さい　とう　かつ　ひろ
　　1945 年　新潟県に生まれる
　　1969 年　東北大学理学部 卒
　　1974 年　東北大学大学院理学研究科博士課程 修了
　　名古屋工業大学名誉教授
　　専門　有機化学，有機物理化学，超分子化学
　　理 学 博 士

第 1 版 第 1 刷　2021 年 2 月 10 日　発行

新 楽しくわかる化学

Ⓒ 2021

著　　者　　齋　藤　勝　裕
発　行　者　　住　田　六　連
発　　行　　株式会社 東京化学同人
　　　　　東京都文京区千石 3 丁目 36-7（〒112-0011）
　　　　　電話 03-3946-5311・FAX 03-3946-5317
　　　　　URL: http://www.tkd-pbl.com/

印刷・製本　新日本印刷株式会社

ISBN978-4-8079-2003-7
Printed in Japan
無断転載および複製物（コピー，電子データなど）の無断配布，配信を禁じます．